国家自然科学基金项目(51804129)资助
江苏省高等学校自然科学研究面上项目(20KJB440002)资助
江苏省博士后科研资助计划项目(2019K139)资助
淮阴工学院学术专著出版基金资助

煤层群上行开采层间裂隙演化及卸压空间效应

张春雷　张　勇　董　云　武精科　著

中国矿业大学出版社

·徐州·

内 容 提 要

本书综合运用理论分析、数值模拟、相似模拟等方法相结合的研究手段,围绕近距离煤层群上行开采层间裂隙演化规律及卸压效应展开研究。主要研究内容包括:绪论,采动煤岩体破坏特征及细观裂隙演化机理,近距离煤层群层间结构及宏观裂隙演化规律,基于采空区应力分布的煤层群开采空间卸压规律研究,下保护层开采层间裂隙演化及卸压相似模拟研究,结论与展望。

本书可供从事采矿工程、安全工程及相关专业的研究人员、工程技术人员参考。

图书在版编目(C I P)数据

煤层群上行开采层间裂隙演化及卸压空间效应 / 张春雷等著.—徐州 : 中国矿业大学出版社,2021.8

ISBN 978 - 7 - 5646 - 5024 - 7

Ⅰ.①煤… Ⅱ.①张… Ⅲ.①煤层群-煤矿开采-上行开采-岩层移动-研究②煤层群-煤矿开采-上行开采-卸压-瓦斯治理 Ⅳ.①TD823.81②TD712

中国版本图书馆 CIP 数据核字(2021)第 088518 号

书　　名	煤层群上行开采层间裂隙演化及卸压空间效应
著　　者	张春雷　张　勇　董　云　武精科
责任编辑	马晓彦
出版发行	中国矿业大学出版社有限责任公司
	(江苏省徐州市解放南路　邮编 221008)
营销热线	(0516)83885370　83884995
出版服务	(0516)83995789　83884920
网　　址	http://www.cumtp.com　E-mail:cumtpvip@cumtp.com
印　　刷	徐州中矿大印发科技有限公司
开　　本	787 mm×1092 mm　1/16　**印张** 10.75　**字数** 205 千字
版次印次	2021 年 8 月第 1 版　2021 年 8 月第 1 次印刷
定　　价	48.00 元

(图书出现印装质量问题,本社负责调换)

前　言

煤炭是现今社会重要的基础能源之一,长期以来,瓦斯作为一种灾害源,一直威胁着我国煤矿安全生产,矿井瓦斯爆炸事故和煤与瓦斯突出事故时有发生,随着开采深度的增加,这类问题更加严峻。

我国大多数煤田存在煤层渗透率低、瓦斯储层地应力梯度分布不均及煤储层普遍欠压等问题,使得采用地面预抽技术难以合理抽采和利用我国储量丰富的瓦斯。大量理论与现场应用实践证明,保护层开采及利用保护层开采的卸压作用抽采被保护层卸压瓦斯是最有效的区域性瓦斯治理措施和瓦斯抽采措施。而目前对于瓦斯抽采的钻场布置还相对粗犷,瓦斯抽采效率低。因此,本书在广泛借鉴前人研究结论和经验的基础上,围绕近距离煤层群上行开采层间裂隙演化规律及卸压空间效应,综合运用理论分析、数值模拟、相似模拟等方法对这些问题展开深入研究,研究成果对于指导瓦斯钻孔精确布置、提高瓦斯抽采浓度、消除瓦斯安全隐患具有一定的意义。

本书主要研究成果如下:① 获得了近距离煤层群层间裂隙演化规律,揭示了层间亚关键层层数及位置对层间裂隙演化规律的影响;② 通过相似模拟试验得到了煤层群双重卸压开采不同于单一煤层开采覆岩裂隙分布和演化规律,利用 Matlab 统计了煤层群上行开采层间裂隙数量、长度、倾角分布玫瑰图,并通过 GR 地质雷达对煤层群上行开采层间裂隙演化规律进行了验证;③ 研究了采空区应力分布规律,阐明了采空区垮落破碎岩体弹性模量对其应力恢复距离、围岩应力场、位移场及裂隙场的影响规律,得到了采空区应力恢复距离与采空区顶板岩性、采空区垮落破碎岩体碎胀系数、采高及煤层埋深的非线性关系;④ 通过引入 GSI 参数和 Hoek-Brown 准则将实验室岩石力学参数转化为工程岩体力学参数,基于长壁采空区应力分布特征编写 fish 语言,将采空区应力分布拟合到数值模型之中,得到保护层开采不同距离时,其覆岩及被保护层应力场及位移场的空间变化规律;⑤ 结合煤矿现场,引入临界卸压系数,得到被保护层沿走向和倾向不同空间位置充分卸压区域,获得保护层不同开采条件下被保护层卸压的空间分布特征和时间区间,并得到了不同开采因素对卸压效果影响的敏感度,为精确布置瓦斯钻孔和高效抽采瓦斯提供理论依据。

本书在写作过程中参考了大量的文献和专业书籍,谨在此向相关作者深表谢意!

本书的出版得到了国家自然科学基金项目(51804129)、江苏省高等学校自然科学研究面上项目(20KJB440002)、江苏省博士后科研资助计划项目(2019K139)、淮阴工学院学术专著出版基金等项目的资助,在此一并致谢。

由于笔者水平所限,书中难免存在错误和不妥之处,恳请读者批评指正。

作 者

2021 年 5 月

目　　录

第1章 绪 论

1.1 研究依据

1.1.1 煤炭地位及制约煤炭安全生产因素

我国能源赋存特征具有"富煤、贫油、少气"的特点,这也决定了我国以煤炭为主体的能源结构在短期内不会改变[1-2]。随着我国工业化和城镇化的高速发展,能源需求与日俱增,近年来,我国原煤产量除 2016 年为 34.11 亿 t 以外,其余年份原煤产量均在 35 亿 t 以上(见图 1-1)。以 2020 年为例,我国煤炭消费量占总能源消费量的 56.8%,虽然煤炭消费占比在下降,但消费总量依然较大,远高于原油、天然气等能源[3]。尽管国家正大力开发新能源,但《中国能源中长期(2030,2050)发展战略研究 综合卷》中明确指出[4],煤炭在今后相当长的时期内仍将是保证国民经济与社会持续发展的主导能源,预测到 2050 年煤炭年产量将稳定在 30 亿 t,我国能源需求总量预测见表 1-1。因此,煤炭资源的安全高效开采是促进国家经济稳定增长和维护社会稳定的重要基础。

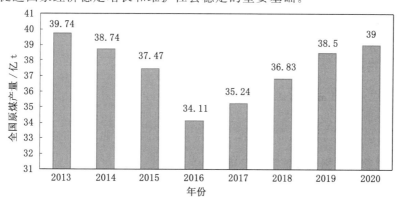

图 1-1 我国原煤产量

(数据来源:国家统计局)

表 1-1 我国能源需求总量预测

类别	2021—2030 年	2031—2050 年
能源需求总量/亿 t 标煤	51～64	59～78
煤炭需求量/亿 t 标煤	28.5～32	28.5～32
煤炭占能源需求总量比重/%	50～56	41～48

瓦斯灾害和矿井水害与动力地质灾害、粉尘灾害、火灾一起构成矿山五大灾害,也是威胁世界产煤国家安全生产的一个难题[5]。我国煤田赋存的地理环境和地质条件十分复杂,井工开采的深度已经进入 500～1 600 m 深度空间,并且每年以 8～12 m 的速度向下延伸。随着采深不断增加,高瓦斯矿井的数量不断增加,致使深部高地应力诱发灾害频发的突出矿井数量与日俱增。

表 1-2 所示为近 10 年我国煤矿事故统计数据,从表中可以看出,我国煤矿全年事故总死亡人数呈逐渐递减趋势,10 年间从 1 973 人降低至 225 人,降低了88.6%,安全形势逐年转好。随着我国瓦斯抽采方式和抽采装备的发展,煤与瓦斯突出事故也得到了一定程度的控制,煤与瓦斯突出事故数量和死亡人数均呈逐渐递减的趋势。2011—2020 年间,煤与瓦斯突出事故起数从 2011 年的 23 起降低到 2020 年的 2 起,减少了 91.3%,瓦斯突出事故死亡人数从 203 人降低到15 人,降低了 92.6%。然而,煤与瓦斯突出事故造成人员死亡的人数占煤矿事故总死亡人数的比重却表现出波动式增长态势,10 年间煤与瓦斯突出事故死亡人数占煤矿事故总死亡人数的比例分别为 10.3%、7.0%、8.7%、6.3%、9.0%、6.1%、6.9%、8.7%、12.3%、6.7%,这表明煤与瓦斯突出事故的发生率仍处于相对较高水平,我国防治煤与瓦斯突出任务仍十分艰巨。

表 1-2 2011—2020 年我国煤矿事故统计数据

年份	2011	2012	2013	2014	2015	2016	2017	2018	2019	2020
煤矿事故总死亡人数	1973	1384	1067	931	568	538	375	333	316	225
煤与瓦斯突出事故起数	23	14	12	8	10	5	5	7	7	2
煤与瓦斯突出事故死亡人数	203	97	93	59	51	33	26	29	39	15

1.1.2 我国煤层气资源情况及储层特点

我国瓦斯储量相对富裕,在各大矿区煤层群广泛存在。据统计,我国地下2 000 m 以内的瓦斯资源量与陆上 38 万亿 m³ 的常规天然气资源量相当,为30 万亿～35 万亿 m³,等价于 450 亿 t 标准煤。瓦斯储量位列世界第三,仅次于俄罗斯、加拿大,勘探开发潜力可观。

虽然我国煤层气资源总储量较为丰富,但我国大多数煤田普遍存在着煤储层渗透率普通偏低、煤储层地应力梯度分布不均、煤储层普遍欠压等问题,这使得地面煤层气预抽已经难以合理利用我国储量丰富的瓦斯。

1.1.2.1 煤储层渗透率普遍偏低

我国煤储层渗透率分布比率如表 1-3 所列。据国家能源局不完全统计,到 2012 年为止我国陆上已经完成上万口煤层气井钻井施工。按照《煤层气井注入/压降试井方法》(GB/T 24504—2009)的规定,对我国各地区 182 口煤层气井进行注入/压降试井,发现山西沁水和柳林等矿区的煤储层渗透性比较好,测值大于或等于 1.0×10^{-15} m^2 的煤层气井数量分别占到 53% 和 33%,大于或等于 0.5×10^{-15} m^2 的煤层气井数量分别占到 65% 和 50%;铁法和淮北这两个矿区煤层气井测值大于或等于 0.5×10^{-15} m^2 的分别为 17% 和 44%;六盘水、淮南、大城、鹤岗这四个矿区的煤储层渗透性都较差,测值都小于 0.5×10^{-15} m^2,特别是淮南和六盘水这两个矿区的煤层气井测值普遍小于 0.1×10^{-15} m^2,数量分别为占到 86% 和 83%。中国煤层气之所以难以进行地面开发,从表 1-3 中就可以看出缘由,我国绝大部分煤储层渗透率偏低,甚至较差[6]。

表 1-3　我国煤储层渗透率分布比率

渗透率等级	划分界限/m^2	所占比例/%	渗透性描述
二级以上	$\geqslant 5.0 \times 10^{-15}$	14	渗透性好或较好
三级	$1.0 \times 10^{-15} \sim <5.0 \times 10^{-15}$	17	渗透性中等
四级	$0.1 \times 10^{-15} \sim <1.0 \times 10^{-15}$	35	渗透性差
五级	$<0.1 \times 10^{-15}$	34	渗透性极差

1.1.2.2 煤储层地应力梯度分布不均

地应力是影响煤层气储层渗透率大小的主要地质因素之一,煤层内的原生裂隙及孔隙会随着煤储层原始地应力的增大而压实闭合,致使煤层的渗透率减小。煤层气储层原始应力受多种因素影响,如煤层埋深、地应力梯度、局部地质构造等,地质构造导致不同井田地应力梯度存在较大差异。如淮北矿区地应力梯度较大,平均大于 2 MPa/100 m;大城矿区的地应力梯度中等,平均为 1.7～2.0 MPa/100 m;铁法矿区地应力梯度较小,平均约为 1.3 MPa/100 m[6]。

1.1.2.3 煤储层普遍欠压

根据现场统计结果可知,同一井田的不同位置或不同井田的煤储层压力差异较大,煤储层常常同时存在常压、超压和欠压的状态。对我国 151 个煤层气井的测试结果显示,储层压力系数为 0.29~1.60,平均约为 0.88。如河东、淮南等矿区,其煤储层压力系数平均分别约为 1.01 和 1.08,以正常压力和超压储层为主;大成矿区煤储层压力系数平均约为 0.95,以略欠压储层为主;沁水矿区煤储层压力系数平均约为 0.66,以欠压储层和严重欠压储层为主[6]。统计矿区煤储层压力情况如图 1-2 所示。

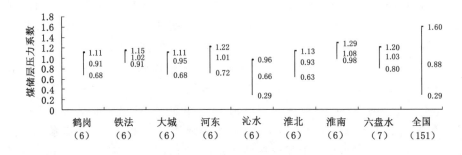

图 1-2　我国煤储层压力分布

1.1.3　研究意义

瓦斯是一种灾害性气体,威胁煤矿安全生产,同时瓦斯又是一种不可再生的高效清洁能源,其燃烧后产物为 CO_2 和 H_2O,不会对环境造成污染。瓦斯的发热量较高,1 m^3 瓦斯的发热量约等于 1.3 kg 标准煤的发热量,可达 33.5~36.8 MJ。因此开发利用瓦斯,既可以提高煤矿经济效益,改善矿井安全生产条件,又可以充分利用地下资源,缓解常规油气供应压力,对保护环境、实现国民经济可持续发展等具有十分重要的意义。

在我国大部分矿区中,可采煤层数达 6~15 层的矿区占 55.2%,有部分矿区可采煤层数甚至超过 20 层,可采煤层数少于 5 层的矿区不足总数的 1/3[7]。如开滦、大同、西山、新汶、鸡西、平顶山、徐州、淮北、淮南以及水城等矿区都存在近距离煤层群[8-11],有条件利用相邻保护层开采抽采卸压瓦斯。我国《煤矿安全规程》规定:"应优先选择开采保护层作为煤层群突出矿井开采时的防突措施"[12-13]。我国煤层群的广泛分布,为保护层开采提供了有利条件。

经过大量生产实践证明和理论分析,利用保护层开采抽采卸压瓦斯是最有效的区域瓦斯治理措施,保护层开采后会引起其顶底板的运动和变形,促进围岩和煤体裂隙的发展,在一定范围形成较大的裂隙网络,将煤储层的渗透率增大几百倍,有利于瓦斯的解吸、富集、运移和抽采[14-16]。尽管我国在保护层开采抽采瓦斯方面取得了一定成绩,但在卸压煤岩体裂隙演化规律基础研究及开采保护层后围岩卸压空间效应方面研究还较为薄弱。因此,从微观和宏观上研究煤层群开采围岩裂隙演化机理,掌握保护层开采过程中空间卸压规律,对于合理布置瓦斯抽采钻孔、丰富煤与瓦斯共采理论、实现煤炭精准开采意义深远。

晋城矿区长平煤矿主采 3# 煤层,煤层结构简单,均厚约 5.58 m,随着矿井不断向西开拓,埋深逐渐增大,瓦斯含量和涌出量也随着埋深增大而增大,四采区现采掘活动区域原始瓦斯含量较低,仅为 6.5～7.8 m³/t,受地质构造影响,4304 工作面三条平巷瓦斯含量突然增大,最高达 15.09 m³/t,掘进期间煤炮频繁且局部地区多次发生瓦斯异常涌出,可以预计,随着矿井继续向西部开拓,这类问题将更加突出,严重威胁矿井安全生产。8# 煤层位于 3# 煤层下方,瓦斯含量较低且无突出危险性,两煤层平均间距为 37.13 m,相对位置关系和煤层柱状图如图 1-3 所示,可将 8# 煤层作为 3# 煤层的被保护层优先开采,达到对 3# 煤层卸压保护的效果。

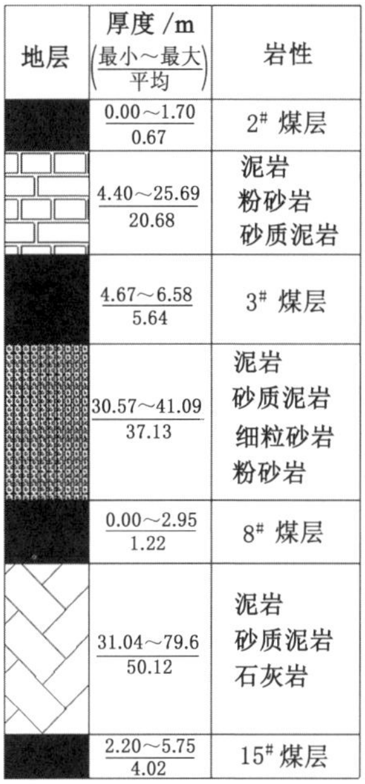

地层	厚度/m (最小～最大/平均)	岩性
	0.00～1.70 / 0.67	2# 煤层
	4.40～25.69 / 20.68	泥岩 粉砂岩 砂质泥岩
	4.67～6.58 / 5.64	3# 煤层
	30.57～41.09 / 37.13	泥岩 砂质泥岩 细粒砂岩 粉砂岩
	0.00～2.95 / 1.22	8# 煤层
	31.04～79.6 / 50.12	泥岩 砂质泥岩 石灰岩
	2.20～5.75 / 4.02	15# 煤层

图 1-3　长平煤矿煤层柱状图

因此,本书将依托长平煤矿下保护层开采,结合采动煤岩体受力特征,从微观和宏观角度出发,研究煤层群开采条件下围岩裂隙演化和卸压规律,得到覆岩不同空间位置卸压系数及卸压角分布规律,进而合理优化钻孔布置参数,达到瓦斯精准抽采和安全生产目标,实现煤与瓦斯共采[17]。

1.2 国内外研究现状

1.2.1 采动覆岩裂隙演化规律研究现状

早在19世纪,国内外很多学者就认识到了煤岩体中存在裂隙,煤岩体中原生裂隙会影响煤岩体结构变形和强度等特性。Griffith[18]认为固体的破坏是裂纹扩展的结果,裂纹扩展的原因是裂纹边缘的集中应力达到了材料的临界值,并得到了裂纹长度与材料强度之间的关系式。Irwin最早提出了应力强度因子的概念[19],Cook,Fairhurst,Kemeny,Hoek,Salamon等[20-26]应用断裂力学通过试验方法研究了受压岩体裂隙扩展情况。刘东燕等[27]通过水泥砂浆制成的含裂隙岩石试样得到了裂隙岩石受压过程中裂隙发育—扩展—破坏的全过程;谢和平[28]运用断裂力学思想,通过对大量岩石断口光学显微观察,用Cottrell位错塞积模型分析得到了岩石裂隙产生和扩展的判断条件;焦玉勇等[29]应用非连续变形分析方法模拟了岩石裂隙扩展的全过程。凌建明[30]通过扫描电镜研究了卸荷岩石细观损伤特征,并指出其与起始扩展裂纹的初始损伤、结构和颗粒等有关。

对于采动宏观裂隙方面的研究,较为有名的理论有钱鸣高院士的关键层理论[31]和采动裂隙"O"形圈理论[32],以及刘天泉院士基于覆岩移动和破断规律提出的"竖三带""横三区"理论(图1-4),在采矿界受到一致认可[33]。康永华等[34]研究了"两带"高度与覆岩性质的关系,认为相同条件下软岩覆岩破坏程度低于坚硬覆岩。

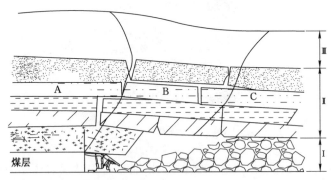

A—煤壁支撑影响区;B—离层区;C—重新压实区;

Ⅰ—垮落带;Ⅱ—裂隙带;Ⅲ—弯曲下沉带。

图1-4 "横三区""竖三带"分布图

许家林等[32]通过相似材料模型试验定量研究了离层裂隙发育程度。贾剑青等[35]通过相似材料模拟试验得到了采动岩体裂隙的形成和分布状态,基于分形几何理论研究了覆岩"三带"岩体裂隙网络的发育和演化规律。姜福兴等[36]采用微地震定位监测技术研究了采动应力场与采场覆岩空间破裂的关系。

赵保太等[37]认为断裂裂隙总是位于采空区两端和开切眼上方。杨科等[38]认为覆岩采动裂隙随着工作面推进向前和向上动态发展,当工作面推进一定距离后,裂隙高度趋于稳定。石必明等[39]研究了远距离缓倾斜煤层保护层开采煤岩破裂变形过程,得到覆岩裂隙演化及垮落规律。李树刚、袁亮、刘泽功等[40-45]对采动裂隙场进行了分类,研究了采场覆岩裂隙的时空演化规律。

刘洪涛等[46]采用深部位移自动监测仪和裂隙通道巡回摄录仪,通过理论分析和现场测试研究,得出了顶板浅部瓦斯裂隙通道形成判据和分布特征。张勇等[47-48]将采动裂隙瓦斯流动通道沿工作面倾向分为孤立区、局部网络区和网络区,得到不同倾角和工作面长度条件下覆岩采动裂隙分布规律;并将采动空间自下而上形成自由冒落的岩石松散堆积体、板式破坏并富含纵横裂隙的有序岩块排列体和岩体变形失调形成的水平裂隙体根据其堆积体的堆积状态、岩块尺度、导通特性等划分为瓦斯紊流通道区、瓦斯过渡流通道区、瓦斯渗流通道区,如图 1-5 所示。

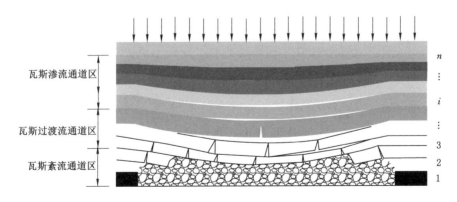

图 1-5 采空区顶板煤岩体瓦斯自主通道分区模型

1.2.2 下保护层卸压开采研究现状

保护层开采是目前区域性防治煤与瓦斯突出最有效的方法之一[49]。

Airuni、Whittles、Deb 等[50-52]采用现场实测、实验室试验等手段研究了保护层开采后围岩裂隙发育规律及与瓦斯抽采之间的关系。我国最早从 1958 年起进行煤矿保护层开采的试验研究,经过多年发展,在鸡西、晋城、淮南等矿区取得了较好应用[53-54]。

涂敏等[55]运用数值模拟手段对远距离下保护层开采过程中被保护层卸压变形规律、上覆煤岩体应力分布进行了研究,得到了被保护层膨胀变形率和保护层开采卸压角。刘三钧等[56]通过相似模拟试验研究了远距离下保护层开采卸压规律,得到了在下保护层开采过程中随着工作面推进,覆岩采动裂隙在竖直方向上约呈顶窄底宽的"A"形分布形态,在水平方向上持续向前扩展,基本呈"波浪"形周期运动;并结合采动裂隙演化和分布规律提出"三位一体"瓦斯治理新模式。袁亮院士[42-43,57]将淮南矿区作为主要试验基地,针对高瓦斯低透煤层群高效安全开采工程难题,结合不同瓦斯和煤层地质背景,研究了"开采层增压和卸压范围、采场覆岩移动规律、卸压瓦斯运移及富集过程"的科学规律;戴广龙、薛东杰等[58-59]通过相似模拟和半无限开采积分模型相结合,得到了煤层变形规律,并通过渗透试验得到了基于体积应变的煤岩渗透率关系。Chen 等[60]运用CT 试验得到了保护层开采条件下卸载煤体损伤演化特性。石必明等[61]通过岩石破裂过程分析系统(RFPA 软件)得到远距离下保护层开采过程中被保护层变形和应力特征、覆岩裂隙发育和移动规律。杨大明等[62]利用数值模拟手段研究了缓倾斜下保护层开采过程,得到了覆岩位移场、应力场和裂隙场变化规律,提出裂隙发育高度及变形与渗透率关系。

经过五十多年的发展,我国煤矿形成了诸多的瓦斯抽采方法。俞启香、于不凡、程远平等[63-65]专家学者从不同角度对煤矿瓦斯抽采方法进行了分类,将其成果总结后得到煤矿瓦斯抽采分类方法,具体见图 1-6[66]。

1.2.3 采空区应力分布研究现状

由于采空区的不可接触性和直接监测较为困难,采空区岩体力学参数的确定及采空区应力分布特征的研究也较为困难。国内外对于采空区应力恢复的研究较少,在国外大多将采空区应力恢复视为线性恢复。Whittaker[67]发现采空区压力在距离工作面 30%～40%的采深距离时才开始形成,随着顶板的下沉和垮落破碎矸石对顶板的支撑作用,采空区逐渐恢复到原岩应力状态,同时提出利用围岩破坏剪切应力角来简化围岩载荷模型的方法,并根据此模型得到采空区应力恢复距离为煤层采深的 60%。Pappas 等[68]将 Whittaker 提出的围岩破坏剪切应力角进行修正,得出采空区应力恢复距离为煤层采深的38%,并根据煤层埋深与工作面宽度的比值,给出了不同比值条件下采空区边

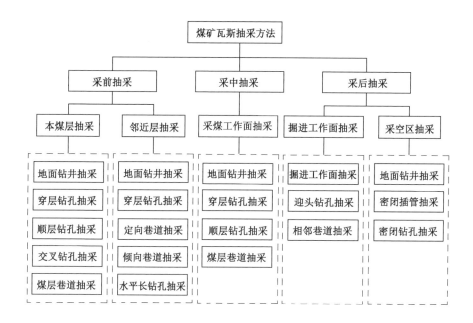

图 1-6　煤矿瓦斯抽采分类方法

界的承载值。Choi 等[69]认为沉陷位移完全结束后的岩层由采空区承担,基于此提出位移完全结束后岩层与采空区边缘垂线夹角为剪切角,取值 18°,基于此理论得到采空区应力恢复距离为煤层埋深的 32%。Wilson 等[70]认为采空区压力呈线性分布,从距采空区边缘为 0 到采深距离的 20%～30% 时恢复原岩应力状态。Campoli 等[71]认为采空区应力恢复到原岩应力的距离为煤层埋深的 11.3%,远远小于 Wilson 估算的采空区线性递增距离。Smart 等[72]将采空区垮落岩体视为砌石堆,并对其应力-应变关系用千斤顶进行测试,估算出采空区应力恢复距离为煤层采深的 20%;Trueman[73]采用有限元模拟方法来研究长壁开采下采空区岩体力学行为,总结出在一个特定的地质条件下,采空区承受覆岩压力的距离是固定的,与煤层埋深无关,只与顶板冒落高度有关。

　　学者们对于不同地质条件下关于采空区承重的现场监测也做了不少工作,Wade 等[74]通过振弦应力传感器现场测试采空区应力分布规律,建立了采空区应力恢复距离与地表下沉量之间的关系(见图 1-7),并指出采空区应力恢复的距离约为煤层埋深的 30%,采空区在距离煤壁 152.4 m 时应力趋于稳定。

　　Whittaker[67]通过理论研究和现场实测第一次给出了单一煤层开采采空区垂直应力分布示意图,如图 1-8 所示。从图中可以看出,煤层开采后采空区应力

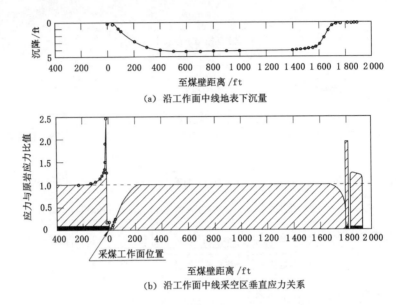

图 1-7　采空区应力恢复距离与地表下沉量之间的关系

（图中 1 ft≈0.3 m。）

重新分布,采空区周围存在应力增高区,拐角处应力叠加形成尖峰压力,对比截面 AA' 和 BB' 可知,在距离工作面不同位置,采空区应力恢复程度不同,越靠近煤壁位置,采空区应力恢复程度越低,可以看出在采空区周围实体煤内侧其恢复程度较低,该部分采空区垮落岩体压实度较低,垮落岩体空隙较大,渗透性较好,是水与瓦斯运移的主要通道。

尽管组成采空区岩块来自直接顶和基本顶的垮落,但由于环境和形态的不同,它们的材料性质变得与完整岩体大不相同,国外学者对此做了部分研究,一般说来,采空区矸石材料本构关系为应变硬化,及采空区材料的变形模量随着压实度的增大而增加。Salamon 和 Terzaghi 分别提出了采空区材料的应变硬化模型[75]。

Terzaghi 假设颗粒材料的切线杨氏模量与正应力呈线性关系,得到采空区材料的应力应变关系为：

$$\sigma = \frac{R_0 E_i}{a}(e^{\varepsilon a} - 1) \tag{1-1}$$

式中　σ——正应力;

　　　a, R_0——常数;

　　　E_i——岩石的弹性模量;

　　　ε——正应变。

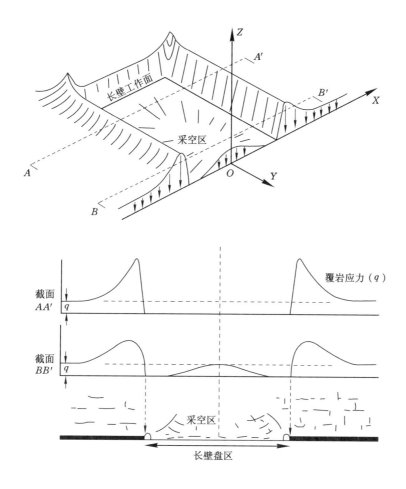

图 1-8 单一煤层开采采空区应力分布示意图

Salamon 的应力应变公式为：

$$\sigma = \frac{E_0 \varepsilon}{1 - (\varepsilon / \varepsilon_m)} \tag{1-2}$$

式中　E_0——初始线性模量；

ε_m——采空区破碎岩体的最大应变；

ε——应力作用下采空区垮落岩体的应变；

σ——单轴抗压强度。

该公式被广泛应用于采空区应力分布的数值模拟中，Shabanimashcool 等[76]等采用应变硬化本构关系模拟了采空区应力重新分布特征和煤柱应力分布;Esterhuizen 等[77]将双屈服(Double-Yield)本构关系用于 FLAC 数值模拟了采空区材料变形特征;Saeedi 等[78]通过 FLAC2D 的自定义 fish 语言功能,运用 Salamon 建立的采空区应力-应变本构关系,模拟了采空区应力分布和恢复特征,并指出采空区应力分布特征为煤层采深的 32%;Pappas 等[68]经过对采空区岩体性质的大量室内试验,得到了采空区破碎岩体的应力-应变特征,通过将室内试验数据与 Terzaghi 的模型结果对比分析,得到 Terzaghi 的模型可以描述采空区材料的受压性能;Yavuz[79]对 Pappas 等的研究结果进行了拟合分析,并结合英国煤炭局统计的煤层埋深、采高、工作面宽度与采动地表最大沉降值数据,推导出地表下沉量与采空区应力恢复距离的计算公式。

Morsy 等[80]通过三维有限元研究了采空区垮落岩体对顶板的支撑作用,模型中所用的岩体均被假设为均质的、各向同性的弹性体,它们将采空区大致分为完全压实区(位于采空区的中部)、压实区(位于完全压实区的两边)和松散区(位于压实区和煤柱之间)三个区域,发现由于采空区提供对顶板的支撑后,工作面超前和侧向支承压力均大幅度减小,同时发现超前和侧向支承压力的减小对采空区垮落岩体的压实度、垮落带高度、裂隙带高度并不敏感,只要采空区对上覆岩层产生支撑作用。

考虑采空区应力分布特征的本构模型在前人研究文献中有所记载[81-83]。在这些研究中,采空区垮落岩体被看作是应变硬化材料,"双屈服本构"被拟合到数值模拟模型之中,采空区材料的应力应变关系通过实验室单轴抗压强度曲线获得[81]。Li 等[81]通过 FLAC3D 数值模拟煤柱和巷道内侧的应力水平,来对煤柱设计进行优化。Esterhuizen 等[82]通过 FLAC2D 研究了在软硬覆岩岩性和不同埋深、不同工作面长度下典型煤柱系统与围岩关系。Abbasi 等[83]应用 fish 语言在 FLAC3D 中加入采空区应力模型,通过对南伊利诺伊某矿长壁工作面现场实测数据与模型输出结果进行模型验证,验证结果表明该模型可信,并且该模型进一步研究了断层移动对工作面矿压规律的影响。

国内对于研究采空区应力分布规律的文献较少,封云聪等[84]最早综合利用 I-DEAS 和 GAD 程序包的有限元分析程序 ANALIN,按平面应变问题求解了寿王坟铜矿南六号采空区的应力分布规律,得到了由于大断层影响而使断层和采空区间所形成的楔体处于失稳状态的结论。王作宇等[85]为研究采空区应力恢复规律,使用应力传感器对多个采空区的覆岩应力规律进行了观测,应力计埋设方式如图 1-9 所示。通过分析总结 5 年内得到的现场测试数据,将采空区活动分为"一个间歇期"和"三个活动期"(见图 1-10)。第 Ⅰ 阶段为初始活跃期,为工作面受直接顶垮落的影响;第Ⅱ阶段为间歇阶段,其发生在直接顶垮落与基本顶来压间距;第Ⅲ阶段为剧烈活动期,推进范围为 20~70 m;70 m 以后应力增加缓慢,平稳上升,为第Ⅳ阶段,即稳定阶段。张勇等[86]将煤层开采后的底板进行了应力分区,从工作面前方到采空区依次为压缩区(前方和侧方支承压力影响区)、过渡区、膨胀区(破断的岩体压缩程度随着与工作面距离的增大而增大)和重新压实区(区域内垮落岩体被完全压实,采空区应力趋于原岩应力)。

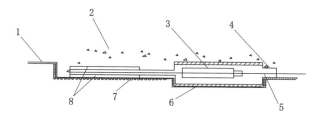

1—底板;2—浮煤与顶板碎矸石;3—压力-频率转换器;4—电缆保护铁管;5—测量电缆;
6—压力-频率转换器保护铁管;7—压力枕;8—铁板或橡胶板。

图 1-9　采空区应力计安装示意图

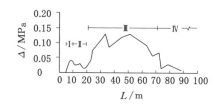

图 1-10　采空区应力随开采距离增加量变化率

1.2.4　采动煤岩渗透率研究现状

煤层渗透率是煤矿瓦斯抽采的重要参数。煤矿开采过程中,影响瓦斯在煤层中渗透率的因素有很多,国内外学者在应力与渗透率关系方面做了大量的研究工作。

为了弄清楚孔隙介质渗透率与其应力状态的关系,Brace 等[87]对高压下花岗岩的渗透率进行了试验研究和测试,围岩压力从 25 MPa 到 444 MPa,孔隙压力从 15 MPa 到 40 MPa,他们得出花岗岩的渗透率随着有效围压(围压与孔隙压力之差)的增大而减小的结论。Patsoules 等[88]在英国的石灰岩试验中得到了相似的结论。Gangi[89]通过唯象模型得到整体岩石和多孔渗透率随围压变化而变化的规律,对于整体岩石,归一化渗透率 k/k_0 随着归一化围压 p/p_0 的增大而减小。Walsh[90]研究了孔隙压力和围压对裂隙渗透率的影响,结果表明渗透率 k 的三次方与 $\ln p_e$ 成正比,其中 $\ln p_e$ 为有效围压,等于 $p_e - sp_p$,其中 p_e 和 p_p 分别表示围压和孔隙压力,s 为变化范围在 $0.5 \sim 1.0$ 之间的常数(与裂隙表面形态和岩石种类有关),研究结果表明裂隙渗透率随着有效围压的增大而增大、减小而减小。Li 等[91-92]通过砂岩的全应力-应变曲线研究了其渗透率规律,发现渗透率是单轴应力-应变的函数,在全应力-应变曲线的大部分区域,围压、孔隙压力、试件的大小对渗透率的影响并不突出,只有在个别区域个别因素对其有较大影响。例如,围压在应变软化区域对渗透率具有最大的影响,而孔隙压力与围压的比值只对渗透率的最大值有影响。通过应用曲线拟合技术,Li 等根据应力-应变的不同变化区域得到渗透率-应变关系的多项式。Zhu 等[93]发现砂岩在孔隙压力为 10 MPa 和围压在 $13 \sim 550$ MPa 下的渗透率随着应变的减小而减小,且结果与试件是应变硬化还是应变软化,是剪切破坏还是压碎流动破坏无关。尽管不同研究者得到一些争议性的结论,但是在采矿实践中,岩体将会经历应力状态的变化是不可争议的事实,岩体工程活动不可避免地带来岩体中应力的集中及随之而来的岩体裂隙的发育和岩体破坏。

Mckee 等[94]通过美国黑勇士、圣胡安和皮申斯等盆地试验研究了煤层埋深与渗透率的关系,发现煤层渗透率随煤层埋深增加呈指数降低。赵阳升等[95]通过试验建立了体积应力与渗透率之间的关系,指出煤的渗透系数受孔隙压力和吸附作用的共同影响。Satya 等[96]通过对美国中西部煤给定煤样重复试验表明,当静应力变化 7 MPa 时,渗透率变化超过 3 个数量级,得到渗透率随应力呈指数下降关系曲线。Durucan 等[97]通过研究也发现了应力与渗透率之间的关系,且应力与渗透率呈负相关。Yin 等[98]也指出有效应力和孔隙压力对岩石的渗透特性影响较大。Connell 等[99]认为煤的渗透特性受有效应力和微观结构影响。Berryman 等[100]认为有效应力通过改变多孔介质的孔隙结构进而对渗透率产生影响。Esterle 等[101]提出通过煤层埋深预测渗透率,并通过分析澳大利亚煤矿现场实测数据,建立了煤层埋深与渗透率之间的关系,如图 1-11 所示。

有关煤岩体破坏前后渗透规律,学者们也做了研究。缪协兴等[102-103]进行了岩石破碎后渗流试验,研究了峰后岩石的非达西渗流的分岔行为。邓志刚等[104]研究了煤层采动对工作面瓦斯涌出规律的影响。李世平、姜振泉、彭苏萍、王环玲、张守良等[105-109]以砂岩为研究对象,对砂岩岩石渗透率与应力-应变

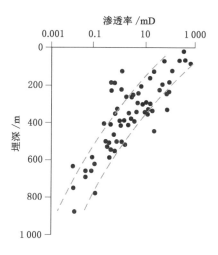

图 1-11 煤层埋深与渗透率关系

之间的关系进行了定量研究。王媛、曾亿山等[110-111]通过试验研究了单裂隙岩体在应力作用下的渗流规律。

1.3 主要研究内容

本书依托国家重点研发计划"深部煤矿安全绿色开采理论与技术"、江苏省高等学校自然科学研究面上项目"重复扰动下煤岩组合体裂隙网络分布特征及瓦斯渗流规律"等课题,以神华李家壕煤矿、晋城矿区长平煤矿等为背景,主要研究内容如下:

(1)卸压煤岩体裂隙发育及演化机理研究

围岩裂隙演化的根本原因是采动导致的应力场的变化,研究首采煤层开采时采动煤岩体裂隙演化机理、煤岩体破坏形式及影响因素,采用卸荷岩石力学理论分析支承压力区及卸压区煤岩体裂隙产生、闭合的力学条件及动态演化过程,基于莫尔-库仑强度理论,对煤矿开采加荷、卸荷过程中煤岩体受力和变形破坏差异进行分析,得到工作面前后方底板不同深度裂隙倾角变化规律,揭示支承压力区及采空区煤体瓦斯流动通道的形成机制及演化过程,得到支承压力区和卸压区围岩裂隙宏观和微观特征;并分析覆岩离层和断裂瓦斯通道形成机理。

(2)下保护层开采卸压机理研究

研究煤层群下保护层开采卸压机理,对近距离煤层群层间岩层结构进行分类,运用断裂力学、薄板等理论建立层间基本顶断裂力学模型,研究宏观水平裂隙及竖直破断裂隙形成机理;利用 UDEC(通用离散单元法程序)离散元模型研究层间覆岩结构破断对裂隙演化的影响;利用弹塑性力学分析下保护层开采顶板损伤破坏高度及范围,确定下保护层层位。

(3)下保护层开采卸压及裂隙演化规律研究

研究长壁工作面采空区应力分布特征;通过采动应力分布对保护层顶板进行分区,得到不同分区内裂隙及瓦斯流动特点。研究保护层开采后覆岩应力及其位移分布规律,得到覆岩不同高度水平及垂直应力和位移分布;随着保护层工作面推进,监测被保护层应力和位移变化,得到被保护层不同位置(沿煤层走向和倾向)卸压系数、卸压角动态变化规律,煤岩体损伤情况及膨胀变形量,通过煤岩应力变化与其渗透率的关系,得到采动空间渗透率分布规律。

(4)下保护层开采卸压效果影响因素敏感性分析

在工程尺度条件下,通过改变保护层煤层采高、推进速度及开采相邻工作面等方式,研究保护层采高等对被保护层卸压效果的影响,监测保护层工作面前方支承压力峰值和影响范围变化;通过改变层间岩体力学参数,进行层间岩性敏感性分析,研究层间岩性对卸压效果的影响;通过调整模型上边界施加垂直载荷,研究埋深对保护层卸压效果的影响。通过研究分析,最终得到不同影响因素的敏感度及多指标综合评价结果。

第2章 采动煤岩体破坏特征及细观裂隙演化机理

　　煤岩体是经过漫长的地质作用而形成的天然地质结构体。在成岩过程中受各种成分和环境因素的影响,加之地质构造运动,天然煤岩体中存在各种地质构造面(节理、裂隙和断层)——原生裂隙。煤岩体在采动应力影响下,不仅原生裂隙将会发生扩展,而且会产生新的次生裂隙,裂隙的发展与支承压力的分布(采动影响)具有同步的空间分布。煤岩体中的这些裂隙构成了瓦斯流动的主要运移通道,因此裂隙的分布及发育情况,即瓦斯流动通道的状态决定了瓦斯流动的特性和抽采效果。本章将在总结煤岩体结构特征的基础上,从细观角度入手,综合运用卸荷力学、断裂力学和实验室试验等方法分析煤岩体破坏特征及采动裂隙演化机理。

2.1 煤岩体结构特征

2.1.1 煤岩孔隙及裂隙结构

　　煤是一种结构复杂的多孔性固体,在成煤过程中经历了复杂的物理化学和生物化学共同作用,煤在成煤过程中会排出气体和液体,加之成煤中和成煤后的地质构造运动使煤体内生成大量孔隙和裂隙,这些孔隙和裂隙构成了瓦斯的赋存场所,而孔隙直径和裂隙大小决定了瓦斯的赋存与流动状态,若孔隙和裂隙结构发育,则煤体瓦斯赋存能力强、透气性好。根据煤中孔隙大小,通常将孔隙分为五个级别,见表2-1。

表 2-1　孔隙直径分级

名称	直径/mm	备　注
微孔	$<10^{-5}$	一般不可压缩,构成煤中吸附容积
小孔	$10^{-5} \sim <10^{-4}$	形成毛细管凝结,构成瓦斯扩散空间
中孔	$10^{-4} \sim <10^{-3}$	瓦斯缓慢层流渗透

表 2-1(续)

名称	直径/mm	备　　注
大孔	$10^{-3} \sim < 10^{-1}$	决定煤的破坏面,构成稳定层流渗透区间
可见孔及裂隙	$\geqslant 10^{-1}$	决定煤的宏观破坏面,构成层流及紊流混合渗透区间

　　岩体赋存于一定地质环境中,其内部存在各种地质构造及弱面,如节理、裂隙等,煤岩体内裂隙虽然规模不大,但其存在破坏了煤岩体结构,大大改变了煤岩体变形特性和力学性质,根据煤岩体中的裂隙大小和形态可将裂隙分为四类(见表 2-2):大裂隙、中裂隙、小裂隙和微裂隙。按其成因可分为原生裂隙、构造裂隙和次生裂隙。原生裂隙天然存在于煤岩体中,往往不切入其他分层,一般分为贯通裂隙和桥裂隙两种,贯通裂隙通常连续性较强,桥裂隙一般连接相邻贯通裂隙,两裂隙往往呈相互垂直状态;次生裂隙可以是全新裂隙的生成,也可能是由煤岩体内构造裂隙和原生裂隙受到外力作用扩展和二次发育形成。

表 2-2　裂隙按形态、大小分类表[112-113]

裂隙种类	形态特征	延伸	宽度
微裂隙	方向较凌乱,多两组以上同时发育	$1\ \mu m \sim 1\ cm$	$< 100\ \mu m$
小裂隙	面裂隙较端裂隙优先发育,断面平直,两组同时发育	$1\ cm \sim 100\ cm$	$< 100\ \mu m$
中裂隙	断面平直或呈锯齿状,一组发育,局部变两组	$1\ m \sim 100\ m$	$1\ mm \sim 100\ mm$
大裂隙	与煤层层理面斜交,断面平直,多一组发育	$10\ m \sim 1\ 000\ m$	$1\ mm \sim 100\ cm$

2.1.2　煤岩体中裂隙观测

　　煤岩体中裂隙观测可分为现场观测和实验室观测两种。现场观测手段主要有井下煤壁现场观测、钻孔取芯观测、非金属超声波检测仪观测、钻孔窥视、地质雷达探测等;实验室观测手段主要有光学显微镜观测、扫描电镜观测等。

　　图 2-1 所示为李家壕 3-1 煤层顶板(2-2 煤层底板)地质雷达图像,根据地质雷达的探测原理,岩石破碎可表现为相对介电常数发生较大变化,通过地质雷达探测可以断定 2-2 中煤层开采对底板的最大影响深度为 22 m。

　　图 2-2 所示为通过现场取样,利用显微镜观察煤岩光片,得到的鹤壁四矿 2116 工作面煤样的裂隙发育情况。工作面前方 100 m 仅有少量原生裂隙,未受到采动影响;工作面前方 20 m 受采动影响裂隙扩展,一定程度上形成细观网络裂隙。

　　图 2-3 所示为扫描电子显微镜(SEM)下煤体微结构,从图中可以较清晰地看到类似海绵体的煤基质和煤基质中的微裂隙,煤基质表面凹凸不平,存在微裂纹等原始损伤。

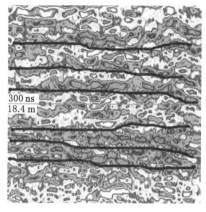 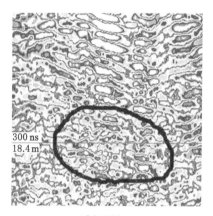

（a）工作面前方 0～20 m　　　　　（b）采空区侧 0～20 m

图 2-1　李家壕 3-1 煤层顶板（2-2 煤层底板）地质雷达图像[114]

 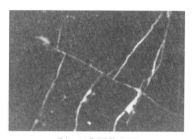

（a）工作面前方 100 m　　　　　（b）工作面前方 20 m

图 2-2　鹤壁四矿 2116 工作面煤样裂隙分布

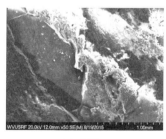 

（a）50X　　　　　（b）250X

图 2-3　SEM 下煤体微结构[115]

（注：50X 代表放大 50 倍，250X 代表放大 250 倍）

以桃园煤矿零采区为典型试验点,利用多点岩层钻孔自动摄录仪和高密度岩层钻孔深基点位移自动监测仪,跟踪记录钻孔内岩层裂隙发育及离层情况(见图 2-4)。孔口附近至 2.8 m 围岩的裂隙倾角各异,钻孔内围岩裂隙发育比较密集,裂隙间隔小,巷道围岩形成网状间隔破裂;2.8~3.9 m 裂隙长度和裂隙间距有所增大,裂隙层间有较完整的岩体,有少量的轴向裂隙,破裂岩体与较完整的岩体交替出现;随着钻孔的深入,裂隙层间间距加大,层间较完整岩体的厚度也相应增加,孔深 5.0 m 处的岩层完整性很好,横向裂隙越来越少,部分纵向裂隙较为发育,但是在孔深 6.0 m 处有一较明显的斜向大裂隙,裂隙宽度达 9 mm,形成环带状间隔破裂区,顶板围岩浅部和深部存在分区破裂现象。

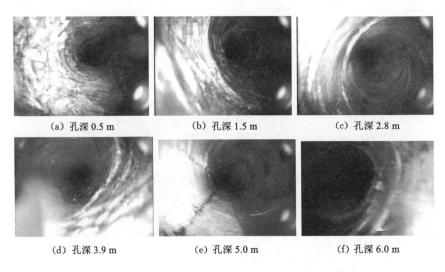

(a) 孔深 0.5 m   (b) 孔深 1.5 m   (c) 孔深 2.8 m

(d) 孔深 3.9 m   (e) 孔深 5.0 m   (f) 孔深 6.0 m

图 2-4　钻孔轴向 0~6 m 范围部分钻孔窥视截图[116]

煤体前方裂隙发育和煤体破坏也可使用非金属超声波检测仪探测法监测,根据声波在煤体内的传播速度可知道煤体的破坏和裂隙发育情况,在煤体较为破碎和裂隙较发育处,声波传播速度会降低。图 2-5 所示为使用 ZBL-U510 型非金属超声波检测仪得到的某工作面前方支承压力区声波测试结果,坐标 0 处为工作面煤壁处,从图中可以看出,随着远离工作面煤壁,伴随着煤体卸压区—塑性区—弹性区—原岩应力区出现,声波速度经历了缓慢—平稳—逐渐增大的过程。

图 2-6 所示为在门克庆矿工作面进行现场观测得到的工作面超前 20 m 支承压力影响下宏观裂隙发育情况,煤体在超前支承压力状态下发生劈裂破坏,宏

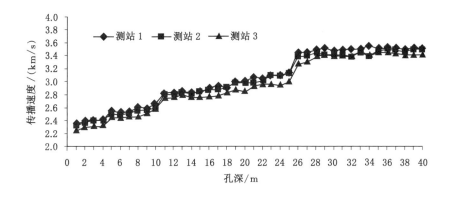

图 2-5　工作面前方煤体声速测试曲线[117]

观裂隙以垂直方向为主,仅有少量裂隙贯通。这与实验室显微镜得到的裂隙发育情况相吻合。

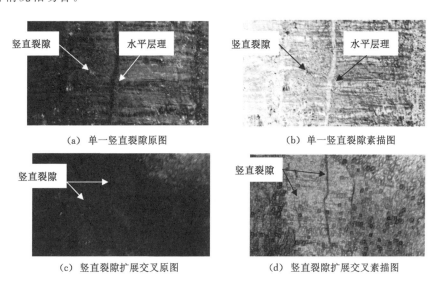

（a）单一竖直裂隙原图　　　　　　　　（b）单一竖直裂隙素描图

（c）竖直裂隙扩展交叉原图　　　　　　（d）竖直裂隙扩展交叉素描图

图 2-6　工作面超前支承压力区宏观裂隙观测[116]

2.2　采动煤岩体渗透率变化规律

长壁工作面的开采会引发围岩的应力升高和降低,在采场边缘,应力会增加,而在采场的上部顶板和下部底板则会经历重要的卸压过程,另外围岩应力的增加会引起岩体产生裂隙,这些变化都会对采场围岩的渗透率产生影响。

2.2.1 采动煤岩体渗透率影响因素

应力状态是影响煤岩体渗透率的主要因素之一。应力的变化会对实验室岩块和现场大的岩体的渗透率产生多样性的影响,在实验室,刚开始岩石试件的渗透率随着施加应力的增大而减小,当施加的应力达到试件的峰值强度时,试件的渗透率开始增大,并在后破坏阶段达到最大值[118]。图 2-7 所示为三轴压缩条件下煤岩体全应力-应变曲线与渗透率关系图。在初始压密阶段,原生孔隙和裂隙在垂直于主应力的方向上闭合,导致试件的渗透率从初始值降低到一个较低的数值。在线弹性变形阶段,轴向应力的增加使得孔隙在有利的方向增大,在外在压力和孔隙压力的共同作用下,试件内产生一些新的微裂隙,但是试件内孔隙和裂隙并没有完全连接和贯通,因此此阶段的试件渗透率并没有明显增加。在非线性变形阶段到试件达到峰值强度的阶段,轴向应力持续增加,新的微裂隙继续产生并与之前产生的裂隙合并贯通形成开度较大的裂隙,这使得试件的渗透率进一步提高。在试件脆性破坏的应变软化阶段,裂隙岩石沿着其不规则粗糙面滑移旋转,从而产生开度更大的张开裂隙,这使得试件的渗透率达到最大值;在应变软化阶段的试件残余时期,部分粗糙面被穿过,出现剪切破坏或磨损,裂隙界面之间的空隙随着试件的继续变形被岩石碎末所填满,岩石试件的渗透率减小到一个较低的水平。

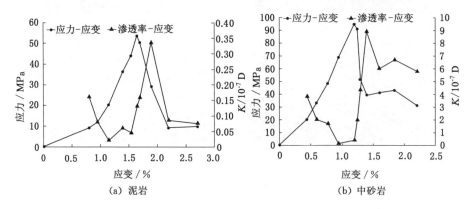

(a) 泥岩 (b) 中砂岩

图 2-7　三轴压缩条件下煤岩体全应力-应变曲线与渗透率关系图[118]

除了应力变化之外,采场周围岩体内裂隙的产生和扩展是影响煤岩体渗透率的又一个主要因素。对于裂隙岩体,其渗透率无论从微观角度还是宏观角度看均与几个影响因素有关。从微观角度看,岩体的渗透率影响因素包括裂隙的宽度、裂隙表面的粗糙度、裂隙网络的分布和连通性等；从宏观角度看，影响裂隙岩体渗透率的主要因素有孔隙的大小、孔隙形状以及孔隙的连通特点等。

2.2.2　应力与渗透率的关系

根据研究，煤岩体中的瓦斯主要处于游离和吸附两种状态，约 90% 的瓦斯处于吸附状态，仅 10% 的瓦斯处于游离状态[119]，且煤岩体内存在大量的原生裂隙。在煤体开挖之前，原生裂隙数量与瓦斯的吸附和游离均处于平衡状态，煤体开挖后，煤岩体内应力重新分布，平衡状态被打破，在较大正应力压缩下会使这些裂隙缩小，而当正应力减小时，原生裂隙会发生扩展和贯通。裂隙随应力减小变形示意图如图 2-8 所示。

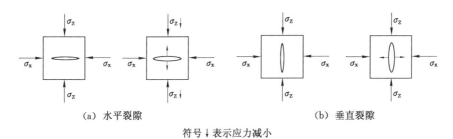

（a）水平裂隙　　　　　　　　　　　（b）垂直裂隙

符号 ↓ 表示应力减小

图 2-8　裂隙随压力减小变形示意图

瓦斯在煤岩体内的运移与煤岩体的渗透率有关，而裂隙的张开和闭合直接决定煤岩体的渗透率，因此，研究应力与渗透率的关系可通过研究应力与裂隙张开、闭合的关系间接得到。根据前人的研究[120-123]，应力和裂隙张开的关系可由下式表达：

$$\sigma_n = \frac{k_{n0}\delta}{1-(\delta/\delta_m)} = \frac{k_{n0}\delta_m\delta}{\delta_m - \delta} \qquad (2\text{-}1)$$

式中　σ_n——正应力；

　　　k_{n0}——裂隙的初始刚度；

　　　δ——裂隙闭合度；

　　　δ_m——最大裂隙闭合度。

裂隙闭合度可由下式表示：

$$\delta = \left(\frac{\sigma_n}{\sigma_n + k_{n0}\delta_m}\right)\delta_m \qquad (2\text{-}2)$$

单一裂隙的渗透率可由下式表示：

$$k = b^2/12 \tag{2-3}$$

式中:$b = b_0 - \delta$,当裂隙完全闭合时,$b_0 = \delta_m$,$b = \delta_m - \delta$。

无量纲渗透率可表示为:

$$k_f = \frac{12k}{\delta_m^2} = \left[1 - \left(\frac{\sigma_n}{\sigma_n + k_{n0}\delta_m}\right)\right]^2 = \left[1 - \left(\frac{\sigma_n/\sigma_{n0}}{\sigma_n/\sigma_{n0} + 1}\right)\right]^2 = \left[\frac{1}{\sigma_n/\sigma_{n0} + 1}\right]^2 \tag{2-4}$$

式中　σ_n——初始正应力,$\delta_n = k_{n0}\delta_m$;

k_f——无量纲渗透率;

σ_n/σ_{n0}——正应力的倍数。

根据式(2-4),k_f 和 σ_n/σ_{n0} 的关系如图 2-9 所示,从图中可以看出,煤岩体渗透率随着正应力的增加而减小,因此研究下保护层开采对保护层渗透率的影响可转化为研究保护层采动应力变化。

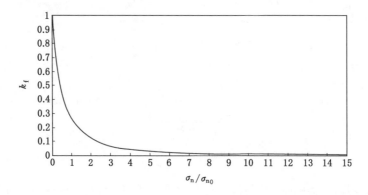

图 2-9　无量纲渗透率与正应力和初始正应力倍数关系

2.3　煤岩体破坏及裂隙演化机理

根据工作面超前支承压力和采空区压力分布规律(图 2-10)可知,工作面顶底板垂直应力总体上经历了先增大后减小的过程,在煤层顶底板进入采空区前,顶底板垂直应力始终大于或等于原岩应力。这是由于工作面开采后采场顶底板煤岩体应力将重新分布,受工作面超前支承压力影响,工作面前方一定范围的顶底板煤岩体将处于压缩状态;随着工作面继续推进,顶底板监测线靠近工作面,工作面顶底板垂直应力逐渐由峰值处降低至围压水平范围,此范围内垂直应力不断减小而围压变化不大,可看作垂直应力卸荷过程;工作面继续推进,顶底板监测线进入采空区,此时工作面煤壁后方顶底板垂直应力降低至围压处后继续降低,顶底板煤岩体处在采场减压区内,这部分顶底板煤岩体从高应力区转变到低应力区,在顶底板深度较小处,垂直应力变为 0,甚至变为拉应力[86]。

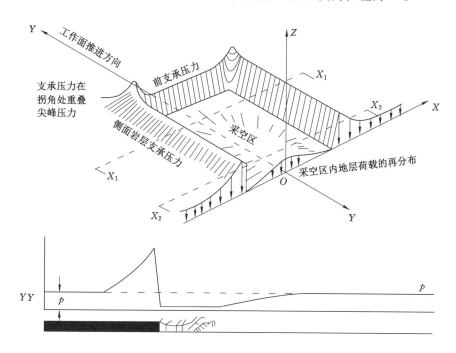

图 2-10 工作面超前支承压力和采空区压力分布规律示意图

2.3.1 增压阶段

煤岩体的宏观力学性能与煤体内微裂隙的发展过程有关,煤层开挖后,围岩应力重新分布,煤体处于低围压状态,工作面前方煤岩体随支承压力的变化在宏观上经历了压密阶段、弹性变形阶段、稳定及不稳定破裂发展阶段和强度丧失的完全破坏阶段,且整个过程的发生与时间和空间有关。在细观层面,这个过程中伴随着煤体内的微裂隙成核、扩展和汇合。

目前摩擦弯折裂隙模型是研究煤岩体损伤最广泛的模型[124],此模型认为煤岩体受压时,原生裂隙会产生沿最大主应力方向扩展的次生拉伸裂隙,并且次生裂隙是导致煤体劈裂破坏的主要原因。压应力状态下摩擦弯折裂纹模型如图 2-11 所示。

对图 2-11 模型做如下假设,该问题是平面应变问题,模型单元比微裂隙特征尺度大,比宏观煤岩样尺度小,建立如图所示坐标系,总体坐标系 Ox_1x_2 和局

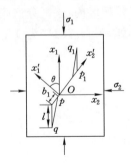

图 2-11　压应力状态下摩擦弯折裂纹模型

部坐标系 $Ox'_1x'_2$，且 Ox'_1 轴平行于裂隙的外法线 n 方向，裂隙的长度为 $2c$，方位角为 θ。微裂隙方向随机分布于二维各向同性的均匀弹性体中。

将原生裂隙面上的剪应力和正应力分解得到：

$$\begin{cases} \sigma^{\mathrm{r}}_{11} = \sigma_1\cos^2\theta + \sigma_2\sin^2\theta \\ \tau^{\mathrm{r}}_{12} = \dfrac{1}{2}(\sigma_1 - \sigma_2)\sin 2\theta \end{cases} \tag{2-5}$$

假设煤岩材料的破坏满足莫尔-库仑准则。则实际产生的摩擦滑动的有效剪应力为：

$$\tau_{\mathrm{eff}} = (\sigma_1 - \sigma_2)\cos\theta\sin\theta - \tau_{\mathrm{c}} - \mu(\sigma_1\cos^2\theta + \sigma_2\sin^2\theta) \tag{2-6}$$

式中　μ——煤岩体的内摩擦系数；

τ_{c}——黏聚力。

裂隙发生摩擦滑动的临界条件为 $\tau_{\mathrm{eff}} = 0$，即：

$$\sigma_1 = \frac{\sigma_2\sin\theta\cos\theta - \tau_{\mathrm{c}} - \mu\sigma_2\cos^2\theta}{\mu\sin^2\theta + \sin\theta\cos\theta} \tag{2-7}$$

根据式(2-7)可知：当 $\theta_0 = \tan^{-1}(\mu + \sqrt{\mu^2 + 1})$ 时，σ_1 取最小值，得到摩擦滑动产生的临界应力条件 $\sigma_{1\mathrm{cs}} = \dfrac{\sigma_2\sin\theta_0\cos\theta_0 - \tau_{\mathrm{c}} - \mu\sigma_2\cos^2\theta_0}{\mu\sin^2\theta_0 + \sin\theta_0\cos\theta_0}$。

当 $\sigma_1 < \sigma_{1\mathrm{cs}}$ 时，煤岩体材料表现为弹性特性，原生裂隙不发生摩擦滑动；当 $\sigma_{1\mathrm{cs}} \leqslant \sigma_1 < \sigma_{1\mathrm{c}}$ 时，煤岩体表现为非线性强化特性，部分裂隙发生自相似扩展和摩擦滑动。

随着继续加载，部分裂隙将发生自相似扩展。裂隙随轴向压力的增加逐渐扩展至某个特征长度 c_{b}，而 c_{b} 与煤岩体材料组成有关。

微裂隙的稳定扩展准则可以表示为：

$$K_{\text{IIC}} = \frac{1}{2} \left\{ [\sin(2\theta) - \mu - \mu\cos(2\theta)]\sigma_1 - [\sin(2\theta) + \mu - \mu\cos(2\theta)]\sigma_2 - 2\tau_{\text{c}} \right\} \sqrt{\pi c}$$

$$(2\text{-}8)$$

其中 K_{IIC} 是弱面的 II 型断裂韧度。

同样 $\theta_0 = \tan^{-1}(\mu + \sqrt{\mu^2 + 1})$ 的微裂隙最先发生自相似扩展，其临界条件为：

$$\sigma_{1\text{c}} = \frac{\left\{ [\sin(2\theta_0) + \mu - \mu\cos(2\theta_0)]\sigma_2 + \dfrac{2K_{\text{IIC}}}{\sqrt{\pi c}} + 2\tau_{\text{c}} \right\}}{\sin(2\theta_0) - \mu - \mu\cos(2\theta_0)} \quad (2\text{-}9)$$

当 $\sigma_1 < \sigma_{1\text{c}}$ 时，微裂隙不发生自相似扩展；当 $\sigma_{1\text{c}} \leqslant \sigma_1 < \sigma_{1\text{cc}}$ 时，部分裂隙发生自相似扩展。

随着继续加载，有些裂隙将发生弯折扩展，且扩展方向最终和最大主应力方向一致，随着支承压力的继续增加，裂隙发生不稳定扩展而导致煤岩体破坏。

发生弯折扩展的应力条件为：

$$\sigma_{1\text{cc}} = \left[1 + \frac{\mu}{F(\theta_0)}\right]\sigma_2 + \frac{\sqrt{3}K_{\text{ICC}}}{2F(\theta_0)\sqrt{\pi c_{\text{b}}}} + \frac{\tau_{\text{c}}}{F(\theta_0)} \quad (2\text{-}10)$$

式中：$F(\theta_0) = \sin\theta_0\cos\theta_0 - \mu\cos^2\theta_0$，$K_{\text{ICC}}$ 为煤岩体的 I 型断裂韧度。

在高应力状态下，微裂隙将发生失稳扩展，在单轴压缩或者横向应力 σ_2 比较小的双轴应力状态下，相应的轴向极限应力为：

$$\sigma_{1\text{m}} = -\frac{K_{\text{ICC}}\sqrt{w} + 2c_{\text{b}}\cos\theta_0[\tau_{\text{c}} + \sigma_{2\text{m}}\sin\theta_0(\cos\theta_0 + \mu\sin\theta_0)]}{\sqrt{2}\,w + 2c_{\text{b}}\cos^2\theta_0(\mu\cos\theta_0 - \sin\theta_0)}$$

$$(2\text{-}11)$$

当 $\sigma_1 = \sigma_{1\text{m}}$ 时，满足式（2-11）的微裂隙将发生失稳扩展，且方位角为 $\theta_0 = \tan^{-1}(\mu + \sqrt{\mu^2 + 1})$ 的裂隙继续扩展，其他裂隙发生弹性卸荷或者反向滑移，如果方位角为 θ_0 的裂隙数为 0，则认为方位角为 $\theta_0 \leqslant \theta \leqslant \theta_0 + \theta_{\text{cc}}$ 的所有裂隙将发生失稳扩展。

当弯折裂隙扩展到一定程度时将停止扩展，转为宏观剪切裂隙扩展。从以上裂隙发育机理可知，工作面顶底板煤岩体内原生裂隙分别经历了裂隙的剪切滑移—自相似扩展—弯折扩展—剪切扩展的发育过程。

2.3.2　卸压状态

平面应力状态下工作面覆岩受力变化示意图如图 2-12 所示。

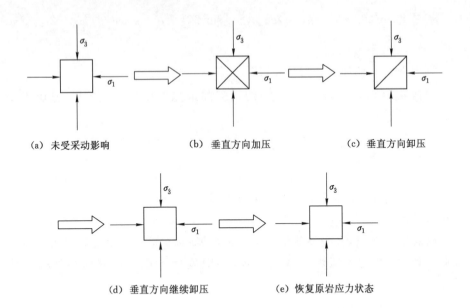

图 2-12　平面应力状态下工作面覆岩受力变化示意图

综合分析可知,保护层工作面推进过程中,垂直应力变化较大,而水平应力变化相对较小,采空区顶底板应力变化基本可以看作围压不变,轴压先增大后减小,甚至减为零和拉应力的过程。下面建立卸荷条件下裂隙岩体模型,具体分析此过程下岩体裂隙张开和扩展的应力条件及裂隙的主要形态。

最大主应力卸荷岩体的变形主要来自三部分:岩体的线弹性恢复变形,裂隙的反向滑移变形,裂隙的张开变形[125]。为了方便讨论,将三维受载岩体简化为平面应力状态,裂隙岩体的卸荷分为两个过程,一个是轴压卸荷到围压(可看作最大主应力卸压),一个是轴压卸荷到零(可看作最小主应力卸压)。岩体的力学参数通过岩块和裂隙的力学参数共同确定:岩块的泊松比为 ν,弹性模量为 E_0,裂隙长度为 $2a$。

2.3.2.1　轴压卸荷到围压

轴压卸荷到围压裂隙模型如图 2-13 所示。轴压卸荷过程中,岩块弹性能释放,裂隙可能发生反向滑移,其摩擦力的方向与加载时相反,裂隙发生反向滑移的应力条件为[126]:

$$\sigma_{1u} = \frac{\sigma_{1m}\cos\theta\sin\theta - \sigma_{2m}\mu\sin^2\theta - \sigma_{1m}\mu\cos^2\theta - 2\tau_c}{\sin\theta\cos\theta + \mu\cos^2\theta} \tag{2-12}$$

式中　σ_{1m}，σ_{2m}——卸荷起点处的轴压和围压；

μ——岩体裂隙面的摩擦系数；

θ——裂隙外法线与轴压 σ_1 的夹角；

τ_c——原生裂隙黏聚力。

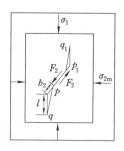

图 2-13　轴压卸荷到围压裂隙模型

裂隙尖端的应力强度因子为[126]：

$$\begin{cases} K_{\text{I}} = \dfrac{E_0}{1-\nu^2} \dfrac{b\cos\theta}{2\sqrt{2\pi l_m}} - \sigma_{2m}\sqrt{\dfrac{\pi l_m}{2}} \\ K_{\text{II}} = -\dfrac{E_0}{1-\nu^2} \dfrac{b\cos\theta}{2\sqrt{2\pi l_m}} \end{cases} \tag{2-13}$$

式中　l_m——卸荷起点处弯折裂隙的长度；

b——Ⅱ型裂隙的张开位移，随卸荷的不断进行而发生改变。

在卸荷起点 σ_{1m} 时，如果有次生裂隙生成，则在卸荷时，反向滑移将会沿裂隙面形成；当 $\sigma_2 \geqslant \dfrac{4G_0}{k+1}a$ 时，岩体中裂隙完全闭合，卸荷过程中 $\sigma_1 \geqslant \sigma_2$，因此无裂隙张开变形；当 $\sigma_2 < \dfrac{4G_0}{k+1}a$ 时，在卸荷起始阶段，如轴应力 $\sigma_1 > \sigma_{1c}$，裂隙处于闭合状态，如 $\sigma_1 \leqslant \sigma_{1c}$，裂隙将会产生张开变形[124,127]。

2.3.2.2　轴压卸荷到零

轴压从与围压相等再卸荷到零，其裂隙模型如图 2-14 所示，此时 $\sigma_1 < \sigma_2$，裂隙向 σ_2 方向扩展，其应力强度因子为[126]：

$$\begin{cases} K_{\text{I}} = \dfrac{F_2\cos\theta}{\sqrt{\pi l}} - \sigma_{1u}\sqrt{\pi l} \\ K_{\text{II}} = \dfrac{F_2\sin\theta}{\sqrt{\pi l}} \end{cases} \tag{2-14}$$

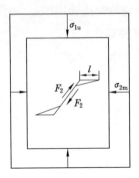

图 2-14　轴压卸荷到零裂隙模型

式中：F_2 为原生裂隙面上作用的有效剪应力，$F_2 = 2a\left[(\sigma_1 - \sigma_2)\cos\theta\sin\theta - \tau_c - \mu(\sigma_1\cos^2\theta + \sigma_2\sin^2\theta)\right]$；$l$ 为裂隙的扩展长度。

在 σ_1 从 σ_2 卸荷到零的过程中，岩体内扩展裂隙将会进一步扩展，此时 $\sigma_2 = \sigma_{2m}$ 保持不变，临界起裂应力为[12]：

$$\sigma_{1f} = \frac{(\sin 2\theta - 2\cos^2\theta\tan\varphi)\sigma_{2m} - \dfrac{8G_0}{K+1}\alpha\tan\varphi - 2K_{\text{II}c}/\sqrt{\pi a}}{\sin(2\theta) + 2\sin^2\theta\tan\varphi} \tag{2-15}$$

当 $\sigma_1 \leqslant \sigma_{1f}$ 时，裂隙起裂扩展。

2.3.2.3　轴压从零卸荷到拉应力

在轴压从零卸荷到拉应力的过程中，原生裂隙一部分要张开，其张开、闭合由下式确定[126]：

$$\theta_b = \arctan\left(\frac{-\sigma_{2m}}{\sigma_{1u}}\right)^{\frac{1}{2}} \tag{2-16}$$

式中，σ_{2m} 为卸荷初始围压。

从式(2-16)可以看出，当裂隙方位角 $\theta < \theta_b$ 时，裂隙是张开的，张开裂隙的应力强度因子为：

$$\begin{cases} K_{\text{I}} = (\sigma_{1u}\cos^2\theta + \sigma_{2m}\sin^2\theta)\sqrt{\pi a} \\ K_{\text{II}} = (\sigma_{1u} - \sigma_{2m})\cos\theta\sin\theta\sqrt{\pi a} \end{cases} \tag{2-17}$$

当裂隙方位角 $\theta > \theta_b$ 时，裂隙是闭合的，闭合裂隙的应力强度因子为[126]：

$$\begin{cases} K_{\text{I}} = \dfrac{F_2\cos\theta}{\sqrt{\pi l_2}} + \sigma_{1u}\sqrt{\pi l_2} \\ K_{\text{II}} = \dfrac{F_2\sin\theta}{\sqrt{\pi l_2}} \end{cases} \tag{2-18}$$

式(2-17)和式(2-18)表示裂隙向 σ_2 方向扩展,且通过两式可以表明:由于裂隙扩展长度是应力强度因子的单调增函数,因此裂隙的扩展不需要增加应力,裂隙失稳扩展。比较式(2-17)和式(2-18)可知,张开裂隙比闭合裂隙更容易发生失稳扩展。

通过以上分析可知,最大主应力卸荷岩体卸荷,轴压卸荷到围压的过程中,裂隙反向滑移变形必然发生,而张开变形具有应力条件;轴压卸荷到零的过程中,裂隙的张开和裂隙扩展都需要一定的应力条件。

2.4 含裂隙煤岩组合体裂隙扩展规律和破坏特征

煤岩体的破坏不仅受自身裂隙结构面的影响,而且受煤岩组合体结构的影响,本节将基于真实破坏过程分析(Realistic Failure Process Analysis,RFPA)数值模拟软件探究含裂隙煤岩组合体裂隙扩展规律和破坏特征。

2.4.1 RFPA 软件介绍

1995 年,唐春安教授从岩石材料本身出发,考虑到岩石介质非均匀性、非连续性和各向异性的特点,提出了新的数值模拟方法——RFPA 方法,即真实破坏过程分析方法,该方法是基于有限元基本理论的。

岩石是非均匀非连续的介质材料,在外载作用下其初始裂隙会产生细小的破裂,细小破裂逐渐扩张发展最后贯通形成断裂破坏,形成非线性破坏。一般的有限元方法仅可以模拟岩石的非线性变形,且仅在宏观角度,不能模拟在微观细节方面的微破裂进程。RFPA 系统的设计思路是模拟了一台岩石力学加载试验系统,将加载系统、试件制作系统、数据采集系统、处理分析系统转换成 RFPA 中的实体建模系统、应力分析求解器、渐进破坏模型、后处理器。通过数值计算,得到试件变形破坏过程中的应力、应变、声发射、能量等可以揭示岩石变形破裂机制的信息。

2.4.2 RFPA 数值模型建立

数值计算模型如图 2-15 所示,试样模型的几何尺寸均为长 100 mm、宽 50 mm 的长方形煤岩组合体试件,煤岩组合体高度均为 50 mm,模型划分为 20 000 个单元,本构关系选用莫尔-库仑准则,裂隙的长度为 $20\sqrt{2}$ mm,为表面彼此接触的闭合裂隙,裂隙面摩擦系数取 0.1,且裂隙位于岩体中,与最小主应力的夹角分别为 0°、15°、30°、45°、60°、75°和 90°。强度准则采用莫尔-库仑准则,采用平面应变模型,整个加载过程采用位移加载方式,每步加载位移量 $\Delta s =$ 0.002 mm。含预制裂隙煤岩组合体力学参数见表 2-3。

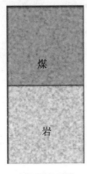

(a) 不含裂隙

(b) 含裂隙 45°

图 2-15　数值计算模型

表 2-3　含预制裂隙煤岩组合体力学参数

岩性	σ/MPa	E/GPa	$\psi/(°)$	μ	$\rho/(kg/m^3)$	m
煤	50	12	32	0.25	1 800	5
岩	140	50	38	0.2	3 500	10

2.4.3　含裂隙煤岩组合体强度和变形特征分析

起裂应力 σ_{ci} 和损伤应力 σ_{cd} 不仅是煤岩组合体强度的重要特征值,而且是其裂隙扩展过程中不同阶段的分界点。确定岩石起裂应力和损伤应力的方法有很多,本书取裂隙萌生点对应的轴向应力作为起裂应力 σ_{ci},将裂隙快速增长点对应的轴向应力确定为损伤应力 σ_{cd}。根据煤岩组合体破裂过程(图 2-16),表 2-4 给出了含预制裂隙煤岩组合体峰值强度和应变。

表 2-4　含预制裂隙煤岩组合体峰值强度和应变

角度 /(°)	σ_{ci}	σ_{ci}对应的步数	σ_{cd}	σ_{cd}对应的步数	峰值强度 /MPa	峰值应变 /%	峰值应变对应的步数	σ_{ci}/σ	σ_{cd}/σ
完整	14.1	46	16.7	55	17.3	0.11	57	0.815	0.965
0	3.95	16	6.39	35	6.58	0.068	36	0.600	0.971
15	4.03	17	4.87	26	5.16	0.05	27	0.781	0.944
30	3.18	14	5.24	24	5.93	0.05	27	0.536	0.884

表 2-4(续)

角度 /(°)	σ_{ci}	σ_{ci}对应的步数	σ_{cd}	σ_{cd}对应的步数	峰值强度 /MPa	峰值应变 /%	峰值应变对应的步数	σ_{ci}/σ	σ_{cd}/σ
45	2.95	13	4.36	19	6.38	0.054	29	0.462	0.683
60	5.87	22	9.03	33	10.8	0.084	44	0.592	0.836
75	8.18	27	13.4	45	16.2	0.106	55	0.504	0.827
90	12.1	40	16.1	53	16.9	0.108	56	0.715	0.953

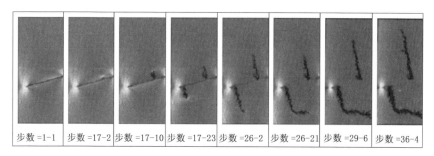

步数 =1-1　步数 =17-2　步数 =17-10　步数 =17-23　步数 =26-2　步数 =26-21　步数 =29-6　步数 =36-4

(a) 倾角为15°

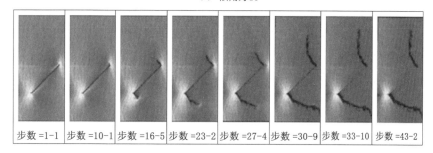

步数 =1-1　步数 =10-1　步数 =16-5　步数 =23-2　步数 =27-4　步数 =30-9　步数 =33-10　步数 =43-2

(b) 倾角为45°

图 2-16　剪应力演化过程

　　图 2-16 给出了含不同倾角预制裂隙煤岩组合体破裂过程的剪应力图(只列出了裂隙倾角为 15°和 45°时的剪应力图)。微裂隙产生、扩展及贯通形成了煤岩组合体宏观破坏面,进而引起其破坏失稳。随着轴向应变的增大,煤样含不同倾角贯穿节理的煤岩组合体内部微裂隙数量演化规律基本一致,先无微裂隙产生,随后缓慢增长,进而快速增长,最后趋于稳定;在峰值应变附近,特别是峰值应变之后的一定阶段内,裂隙数量陡增,这表明该阶段范围内微裂隙迅速产生、扩展和贯通,形成宏观裂隙。完整煤岩组合体和 90°裂隙扩展破坏模式几乎相同,裂隙对单轴压缩煤岩组合体裂隙扩展方式几乎无影响,裂隙在煤体中起裂、

扩展,岩体中未见裂隙产生;0°、15°、30°次生裂隙从靠近主裂隙尖端部位开始萌生扩展,45°、60°、75°次生裂隙从主裂隙尖端萌生扩展。从图中可以看出,$\beta=15°$和$\beta=45°$岩石试件破裂都是经历裂隙萌生、扩展、宏观破坏的过程,且岩石试件破裂过程中沿着裂隙面产生了滑移。不同的是,$\beta=15°$时,次生裂隙萌生、扩展并不是出现在主裂隙尖端,而是在靠近主裂隙尖端部位,在应力达到峰值前裂隙扩展相对容易,但裂隙萌生应力较大,在步数=17时,裂隙开始萌生,在加载到39步时岩石试件达到强度极限。当$\beta=45°$时,次生裂隙的萌生和扩展主要是围绕主裂隙的尖端展开的,随着加载的进行,裂尖应力强度因子增大,微细裂隙在主裂隙尖端贯通,在主裂隙两端形成翼裂隙,并沿着主加载方向向端部扩展。另外,在$\beta=45°$时,裂隙萌生比较容易,在步数=10时裂隙开始萌生,且加载到29步时岩石试件已经完全破裂,相对$\beta=15°$时容易破裂。当$\beta=75°$时,裂隙角度接近平行于轴向加载方向,裂隙的萌生较容易,但裂隙的扩展却受到了强烈的抑制,从而导致其峰值强度增加。

不同裂隙倾角煤岩组合体试件应力-应变曲线如图2-17所示。由图2-17可知,不同裂隙倾角的煤岩组合体试件,在开始加载时应力-应变曲线基本呈线性上升,当应力达到峰值强度时,岩石试件开始破坏,应力开始下降。此外,不同裂隙倾角的煤岩组合体试件其峰值强度不同。岩石试件峰值强度与裂隙倾角之间的关系如图2-18所示,曲线呈下凹形。从图2-18中可以看出单轴压缩条件下裂隙倾角对岩石强度的影响,随裂隙倾角增大,岩石试件破裂强度先减小后增大。当$\beta=15°$时,岩石试件峰值强度最低;当$\beta<15°$时,岩石试件的峰值强度随裂隙倾角的增大而减小;当$\beta>15°$时,岩石试件的峰值强度随裂隙倾角的增大而增大。

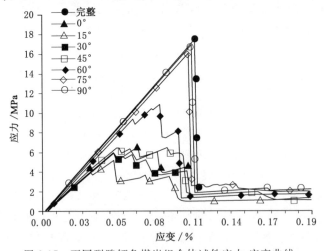

图 2-17 不同裂隙倾角煤岩组合体试件应力-应变曲线

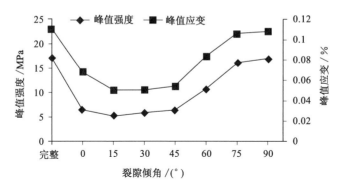

图 2-18　岩石试件峰值强度与裂隙倾角之间的关系

与完整煤岩组合体相比,含预制裂隙煤岩组合体的承载力在一定程度上降低,即劣化。为了定量表示该劣化特性,引入强度劣化系数 w,其表达式为:

$$\omega = \left(1 - \frac{\sigma_0}{\sigma_w}\right) \times 100\% \qquad (2\text{-}19)$$

式中　σ_0——含预制裂隙煤岩组合体的单轴抗压强度,MPa;

　　　σ_w——不同倾角煤岩组合体的单轴抗压强度,MPa。

图 2-19 为劣化系数与煤岩组合体裂隙倾角的关系曲线。从图中可以看出,随着裂隙倾角增大,劣化系数呈现出先增大后减小的趋势,且在 15°时劣化系数达到最大值,随着裂隙倾角继续增大,劣化系数减小的幅度逐渐增大,直至裂隙倾角达到 75°,到裂隙倾角为 90°时劣化系数进一步减小,与完整煤岩组合体的劣化系数接近。

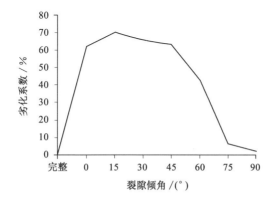

图 2-19　劣化系数与煤岩组合体裂隙倾角的关系曲线

2.4.4 含裂隙煤岩组合体破坏特征分析

煤岩组合体的破坏是由岩体中预制裂隙的扩展和相互贯通形成的宏观裂隙引起的,进而导致煤岩组合体的整体破坏。因此,煤岩组合体中岩体的破坏导致煤岩组合体的破坏,岩体中预制裂隙的倾角影响煤岩组合体的破坏模式(见图2-20)。含不同倾角预制煤岩组合体破坏模式共三种,即双剪切破坏模式、沿裂隙面的拉剪复合破坏模式、沿裂隙面的拉伸破坏模式。完整煤岩组合体和含90°预制裂隙煤岩组合体的破坏主要发生在煤体中,这主要是由于煤样强度远小于岩样强度,且为双剪切破坏模式,裂隙扩展呈"Λ"形,剪切破坏面与竖直方向夹角分别为47.3°和33.8°;预制裂隙呈75°时,煤岩组合体裂隙扩展也呈"Λ"形双剪切破坏,区别是裂隙扩展角度减小为34.2°和32°,且在岩体内部裂隙尖端发生扩展,如图2-20(g)中圆框内所示。当预制裂隙倾角为0°、15°和30°时,煤岩组合体破坏模式为拉剪复合破坏,煤岩组合体中煤体和岩体

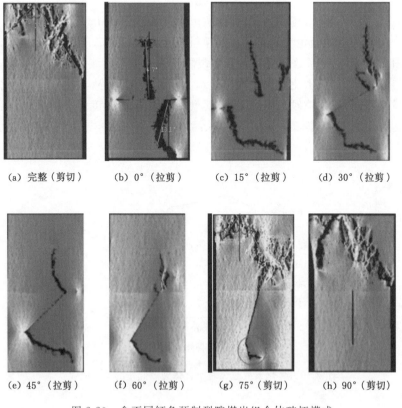

(a) 完整(剪切)　　(b) 0°(拉剪)　　(c) 15°(拉剪)　　(d) 30°(拉剪)

(e) 45°(拉剪)　　(f) 60°(拉剪)　　(g) 75°(剪切)　　(h) 90°(剪切)

图 2-20　含不同倾角预制裂隙煤岩组合体破坏模式

均发生破坏,裂隙首先从预制裂隙端部附近起裂,进而扩展贯通导致煤岩组合体达到强度极限,最终破坏。当预制裂隙倾角为 45°和 60°时,组合体煤样和岩样均发生破坏,其中煤样以剪切破坏为主,而岩样随轴向应力增加发生拉伸破坏,煤样拉伸破坏面与竖直方向呈一定夹角到逐步发生偏转,最终与竖直方向基本重合。岩体中裂隙扩展形状基本呈现"S"形。其裂隙扩展和破坏过程为:在轴向应力作用下,岩体预制裂隙发生滑移,节理面两侧产生少量微裂隙,在节理面上部形成一条向上扩展的拉伸裂隙;与此同时,节理面尖端附近微裂隙聚集成核,当轴向应力增加时,分别在煤样和岩样内向上扩展形成拉伸裂隙,而节理面将继续滑移并扩张;当轴向应力继续增加时,拉伸裂隙继续扩展,直至煤岩组合体整体破坏。

2.4.5　含裂隙煤岩组合体声发射特征分析

煤岩组合体在其变形破坏过程中会以弹性波(声发射)的形式向外界释放能量,通过对声发射参数进行分析可以更好地认识煤岩变形破坏特征。

岩石在破坏变形过程中的声发射事件反映了其内部裂隙萌生、扩展和贯通破坏的演化过程,从图 2-21 中可以看出,对于含不同倾角预制裂隙煤岩组合体的声发射特征具有一般规律:加载初期因内部裂隙为闭合裂隙,故几乎没有声发射事件;弹性阶段仅产生少量的声发射事件;随着载荷的继续增加,进入塑性变形阶段,内部裂隙扩展,产生的声发射事件数较多;临近峰值载荷处,声发射事件大量产生,声发射事件数达到最大值,可作为煤岩组合体的破坏前兆;而峰后阶段则由于裂隙扩展贯通会产生一定的声发射信号。同时,根据图 2-21 可发现煤岩组合体中预制倾角的变化对其在单轴压缩情况下声发射特征的影响:声发射事件总数整体上随着预制裂隙倾角的增大先减小后增大,声发射事件数最高的是含 75°预制裂隙煤岩组合体(2 399),其次是完整煤岩组合体(2 148),这主要是裂隙尖端裂隙发育扩展所致;单次最大声发射计数随预制倾角先减小后增大,其与累计声发射事件总数比值分别为 0.89、0.38、0.78、0.38、0.53、0.70、0.81、0.93,与图 2-17 应力-应变曲线一致,表明完整煤岩组合体、含 75°及 90°预制倾角裂隙煤岩组合体具有较好的脆性,其他含不同预制倾角裂隙煤岩组合体表现出一定的峰后塑性;除 45°和 60°预制裂隙煤岩组合体单次声发射峰值位于试件强度峰值后以外,其余试件峰值声发射计数对应的步数(应变)随着裂隙倾角的增大先减小后增大,与试样峰值强度变化规律一致,单次声发射峰值与峰值强度对应相同应变,表明经过峰值强度后,45°和 60°预制裂隙煤岩组合体裂隙进一步扩展贯通,通过单次声发射峰值判断试件破坏不可靠。

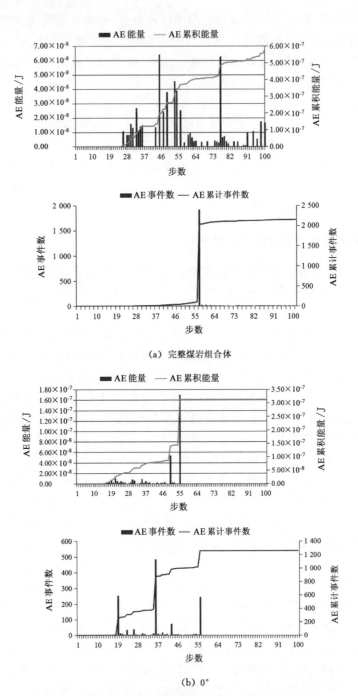

(a) 完整煤岩组合体

(b) 0°

图 2-21　含不同倾角预制裂隙煤岩组合体声发射特征曲线

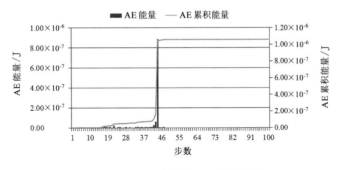

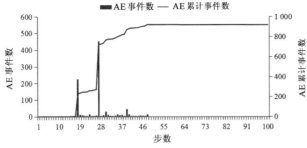

(c) 15°

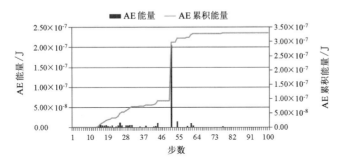

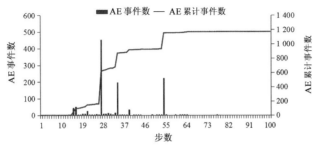

(d) 30°

图 2-21(续)

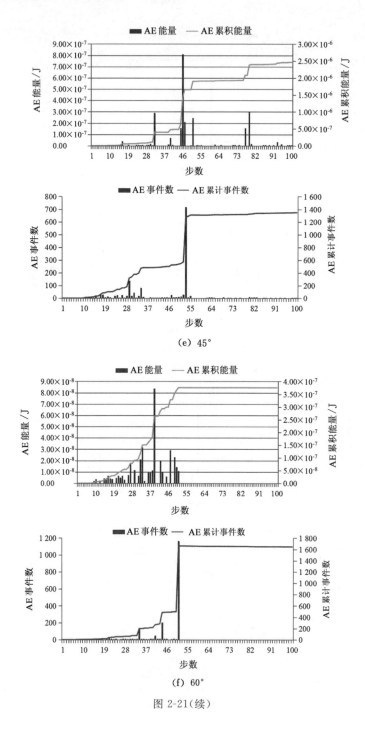

(e) 45°

(f) 60°

图 2-21(续)

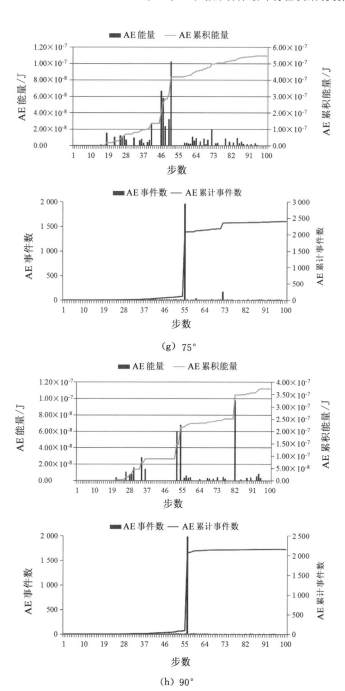

(g) 75°

(h) 90°

图 2-21(续)

煤岩体的受力破坏是一个能量吸收与释放的过程,声发射的能量反映了岩石内部裂隙产生或扩展时所释放的弹性能。通过图 2-21 可以看出,声发射能量累积量随着应变的增大而增大,在加载初始阶段,虽然试件声发射事件数较少,但声发射能量逐渐累积,当能量累积到一定程度,试件达到峰值强度,声发射计数迅速增加。通过图 2-21 还可以看出:在不同煤岩组合体单轴压缩过程中,其声发射累积能量从大到小依次为 45°、15°、完整煤岩组合体、75°、60°、90°、30°、0°,说明声发射累积能量与含不同倾角预制裂隙煤岩组合体强度呈非线性关系;声发射峰值强度前累积能量从大到小依次为 75°、完整煤岩组合体、60°、90°、45°、0°、30°、15°,因此从声发射能量角度来看含 75°预制裂隙煤岩组合体的冲击倾向性比完整煤岩组合体高;完整煤岩组合体、60°和 75°煤岩组合体的单次声发射能量峰值位于煤岩组合体峰值强度之前,0°、15°、30°、45°和 90°煤岩组合体单次声发射能量峰值位于峰值强度之后,这表明了煤岩组合体中岩体中裂隙及其倾角对其单轴压缩条件下峰后特性的影响。

2.5　本章小结

本章总结了煤岩体结构特征,对煤的孔隙结构和裂隙进行了分类,在此基础上,从微观角度,运用弹塑性力学、卸荷力学理论及实验室试验等手段研究了煤岩体渗透率变化规律,含裂隙煤岩体破坏特征及裂隙在加卸载过程中拓展演化的力学机理,主要得到以下结论:

(1) 按照煤体内孔隙直径大小可将其分为微孔、小孔、中孔、大孔、可见孔及裂隙五个级别,根据煤岩体中裂隙大小和形态可将其分为微裂隙、小裂隙、中裂隙和大裂隙四类。

(2) 应力状态是影响煤岩体渗透率的主要因素之一,刚开始岩石试件的渗透率随着施加应力的逐渐增大而减小,当施加的应力达到试件的峰值强度时,试件的渗透率开始增大,并在后破坏阶段渗透率达到最大值;在不考虑裂隙对瓦斯流动所产生的影响和特定煤体条件的情况下,孔隙率和瓦斯压力是采动应力的变量,且瓦斯压力与采动应力呈正相关,孔隙率与采动应力呈负相关;裂隙煤岩体渗透率与裂隙间距呈负相关,与裂隙宽度和正应力呈正相关。

(3) 分析推导了裂隙在增压和卸压过程中裂隙拓展机理,在增压阶段,煤岩体内原生裂隙经历了剪切滑移—自相似扩展—弯折扩展—剪切扩展的发育过程;在卸压阶段,得到了轴压卸荷过程中裂隙发生反向滑移的应力条件及裂隙尖端的应力强度因子,最大主应力卸荷岩体卸荷过程中,轴压卸荷到围压的过程中,裂隙反向滑移变形必然发生,而张开变形具有应力条件;轴压卸荷到零的过程,裂隙的张开和裂隙扩展都需要一定的应力条件。

（4）通过 RFPA2D 数值模拟结果发现煤岩组合体中岩石中不同预制裂隙倾角会影响其强度、破坏模式以及脆性和塑性特征。单轴压缩下裂隙倾角对岩石强度的影响,随裂隙倾角增大,岩石试件破裂强度先减小后增大;含预制煤岩组合体破坏模式共三种,即双剪切破坏模式、沿裂隙面的拉剪复合破坏模式和沿裂隙面的拉伸破坏模式;声发射累积能量与含不同倾角预制裂隙煤岩组合体强度呈非线性关系。

第3章　近距离煤层群层间结构及宏观裂隙演化规律

　　煤岩体不是孤立存在的,其赋存于一定的地层结构中,第 2 章从细观角度研究了煤岩体破坏特征及采动煤岩体裂隙扩展机理,本章将从宏观角度,基于关键层理论对近距离煤层群层间结构进行分类,运用材料力学等理论分析下煤层开采后,覆岩宏观裂隙(水平离层裂隙和垂直断裂裂隙)发育机理,通过 UDEC 离散元数值模拟软件建立不同层间结构模型,研究覆岩结构对层间裂隙发育和演化的影响规律,得到覆岩宏观裂隙发育规律以及宏观瓦斯流动通道的形成过程。

3.1　近距离煤层群层间结构分类

　　经过多年现场经验和科学研究,钱鸣高院士提出了关键层理论,该理论认为[128-130]:覆岩中存在不同厚度和岩性的各类岩层,煤层开采后,其中部分能对覆岩运动起到一定控制作用的坚硬岩层称为关键层。关键层中能够控制整个覆岩直至地表运动的关键层称为主关键层,仅对局部岩层运动起到控制作用的坚硬岩层称为亚关键层。主关键层最多只有一个,某些井田煤层覆岩中可能不存在主关键层,而亚关键层往往有多个,通常说的覆岩基本顶就是覆岩第一个亚关键层。关键层往往在变形、岩性、几何尺寸、破断和承载这五个方面具有一定的特征。在变形方面,关键层在相同条件下的变形位移要小于周围岩层;在岩性方面,相对于其他岩层,关键层的强度和硬度更大;在几何尺寸方面,关键层往往厚度较大;在破断方面,由于关键层承载着覆岩重量,其破断会引起较大的覆岩位移量,且在其控制范围内其他覆岩跟随着一起破断;在承载方面,关键层破断后仍能支承覆岩重量,控制覆岩运动,这是由于其形成了铰接拱结构,仍具有承载能力。

　　关键层理论的提出,丰富了采场矿压理论,更好地解释了覆岩运动规律和顶板采动损害现象,同时将岩层移动、地表下沉、瓦斯与水流动等有机结合起来,为实现煤矿绿色开采提供了新的理论支持[131]。

　　因此,根据关键层理论可知,近距离煤层间可能不存在亚关键层,或者存在单一亚关键层,又或者存在两个或多个亚关键层,如图 3-1 所示。

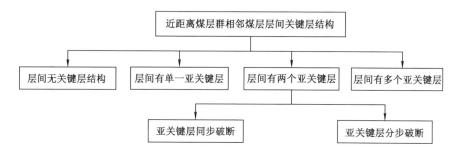

图 3-1　近距离煤层保护层开采层间结构分类

　　煤层间无亚关键层、煤层间存在单一亚关键层、煤层间存在两个亚关键层示意图分别如图 3-2～图 3-4 所示。

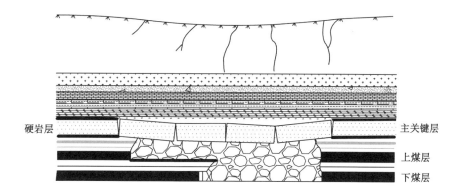

图 3-2　煤层间无亚关键层示意图

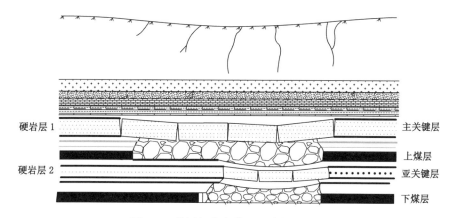

图 3-3　煤层间存在单一亚关键层示意图

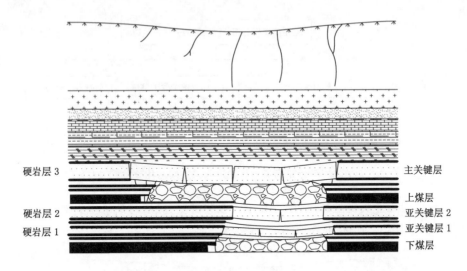

图 3-4　煤层间存在两个亚关键层示意图

3.2　近距离煤层覆岩宏观裂隙发育机理

随着煤层的开采,围岩原岩应力受到采动影响重新分布,与此同时,覆岩各层也在水平和垂直方向运动。在垮落带范围内,覆岩从下到上依次发生离层进而破坏,垮落带内岩体较为破碎,岩块之间空隙较多,连通性较好,形成宏观裂隙区域,是瓦斯聚集和运移的主要区域。随着采煤工作面继续推进,垮落带内破碎岩体逐渐压实,离层继续向高处发展,且底部岩层断裂,形成贯通裂隙,垮落带以上一定范围即为离层带。区域内主要有两种裂隙,即垂直破断裂隙和水平离层裂隙。

3.2.1　垂直裂隙发育机理

煤层顶板受采动影响发生破断的初期,靠近煤壁上方区域岩体往往会断裂形成整齐的岩块,相邻岩块与岩块之间由于水平推力作用而形成铰接的关系,楔形区覆岩破断的岩块呈现出"砌体梁"结构特征。如果覆岩悬露空间足够大,超过了某岩层的极限跨度,致使该岩层发生破断,沿层面的离层裂隙被垂直破断裂隙贯通,形成自主瓦斯主流通道上边界。

顶板破断形成垂直破断裂隙需要满足的破断变形强度条件为:

$$L_i \geqslant [L_i] = 2h \sqrt{\frac{\sigma_{is}}{3\gamma H}} \qquad (3-1)$$

式中　$[\sigma_i]$——覆岩第 i 分层的单向抗拉强度,MPa;

$[L_i]$——覆岩第 i 分层的稳定跨距，m。

还应同时满足变形协调条件：

$$\Delta W_{mi} = h'_{i+1}(K'_{pi+1} - 1)\left[1 - \exp\left(-\frac{x}{2l_i}\right)\right] \geqslant \Delta = h\left(1 - \sqrt{\frac{1}{3nK\overline{K}}}\right) \tag{3-2}$$

式中　$\overline{K}$——岩块间挤压强度与抗压强度的比值；

K——岩块的状态参数，一般为 $1/3 \sim 1/2$。

梁结构破断变形协调条件是指不发生剪切滑落失稳，无其他结构失稳情况下的条件，根据断裂岩块不发生结构失稳时的平衡条件，即破断岩块相互咬合位置处允许的最大下沉量需小于相邻第 i 层和第 $i+1$ 层岩体间不协调变形 ΔW_{mi}。

结合相似模拟试验结果，采空区侧顶板岩层与垮落破碎矸石接触点到煤壁破断点之间为裂隙发育区，图 3-5 为裂隙区岩层破断模型。将第 i 块破断岩块的回转角设为 θ_i。则根据岩块之间相互运动关系以及变形协调条件可以得出其中任何一个破断块体 i 的垂直破断裂隙张开角度：

$$\beta_i = \theta_i - \theta_{i+1} \tag{3-3}$$

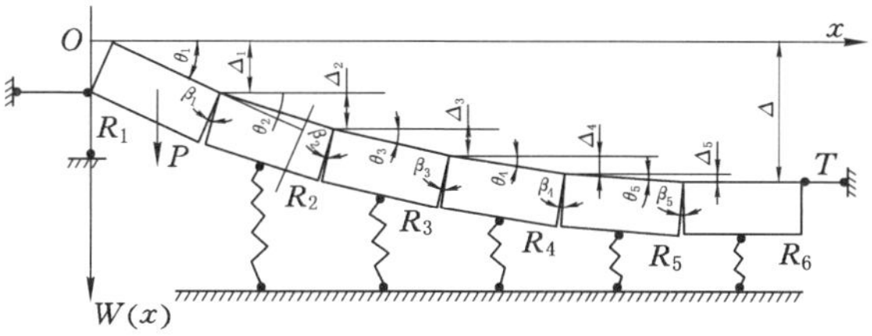

图 3-5　裂隙区岩层破断模型

根据几何关系，$\theta_i = \arcsin\dfrac{\Delta_i}{L_i} \approx \dfrac{\mathrm{d}W}{\mathrm{d}x}$，代入式(3-3)可得：

$$\beta_i = \frac{\mathrm{d}W_i}{\mathrm{d}x_i} - \frac{\mathrm{d}W_{i+1}}{\mathrm{d}x_{i+1}} = \int_{x_i}^{x_{i+1}} W''\mathrm{d}x \tag{3-4}$$

通过上式可知，垂直破断裂隙的张开角度与岩层内部下沉曲线方程的二阶导数有关。

3.2.2　离层裂隙发育机理

采场上覆岩体可看作组合梁，在煤层开采过程中，由于不同岩性梁的抗弯刚度不同，其在弯曲变形过程中，会产生不同挠度，形成离层，离层之间的空隙即离层裂隙。随着工作面继续推进,由于岩石具有抗压不抗拉的特性,离层随覆岩运动经历了产生—发展—扩大(断裂)—缩小—闭合的动态发展过程。离层发育拱的高度和跨度随开采宽度的增加而增加,当增加到一定程度后,其高度和跨度不再变化,仅随开采宽度的增加而不断向前传递。

将单个覆岩简化为岩梁[132],建立离层发育的力学模型,根据岩梁的应变进行力学分析。岩梁力学结构模型如图 3-6 所示。

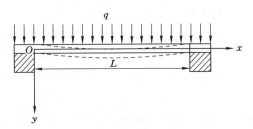

图 3-6　岩梁力学结构模型

根据材料力学[133],挠曲线的近似微分方程为:

$$\frac{\mathrm{d}^2\omega}{\mathrm{d}x^2} = \frac{M}{EI} \tag{3-5}$$

式中　ω, x——挠曲线的纵坐标和横坐标;

　　　I——梁的截面惯性矩;

　　　M——弯矩;

　　　E——梁的弹性模量。

在小变形情况下,挠曲线较为平坦,转角较小:

$$\theta \approx \tan\theta = \frac{\mathrm{d}\omega}{\mathrm{d}x} = f'(x) \tag{3-6}$$

由式(3-6)可知,令 $\omega = y$,梁的转角 $\theta = \frac{\mathrm{d}y}{\mathrm{d}x}$,图 3-7 为岩梁曲线长度微分示意图。

由式(3-6)可得:

$$\mathrm{d}y = \theta\mathrm{d}x \tag{3-7}$$

由图 3-7 可知:

$$\mathrm{d}S = \sqrt{(\mathrm{d}x)^2 + (\mathrm{d}y)^2} = \sqrt{1+\theta^2}\,\mathrm{d}x$$

即:

$$S = \int_0^l \sqrt{1+\theta^2}\,\mathrm{d}x \tag{3-8}$$

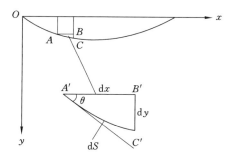

图 3-7　岩梁曲线长度微分示意图

对于简支梁：

$$\theta = \frac{\mathrm{d}y}{\mathrm{d}x} = \frac{q}{24EI}(4x^3 - 6lx^2 + l^3) \tag{3-9}$$

其曲线长 S 为：

$$S = \int_0^l \sqrt{1 + \theta^2}\, \mathrm{d}x = \int_0^l \sqrt{1 + \left[\frac{q}{24EI}(4x^3 - 6lx^2 + l^3)\right]^2}\, \mathrm{d}x \tag{3-10}$$

关于 S 的取值，可由牛顿-柯特斯（Newton-cotes）公式进行计算：

$$I(f) = \int_a^b f(x)\, \mathrm{d}x = (b-a) \sum_{k=0}^n \left[C_k^{(n)} f(x_k)\right] \tag{3-11}$$

式中：

$$x_k = a + kh \quad (k = 0, 1, \cdots, n) \tag{3-12}$$

$$h = \frac{b-a}{n} \tag{3-13}$$

$$C_k^n = \frac{h}{b-a} \int_0^n \prod_{\substack{j=0 \\ j \neq k}}^n \frac{t-j}{k-j}\, \mathrm{d}t = \frac{(-1)^{n-k}}{n \cdot k!\,(n-k)!} \int_0^n \prod_{\substack{j=0 \\ j \neq k}}^n (t-j)\, \mathrm{d}t \tag{3-14}$$

一般来说，当 $n=3$ 时，即可保证上述积分式 $I(f)$ 的收敛性与稳定性[134]，即：

$$\int_a^b f(x)\, \mathrm{d}x = \frac{b-a}{8}\left[f(a) + 3f\left(\frac{2a+b}{4}\right) + 3f\left(\frac{2a+b}{4}\right) + f(b)\right] \tag{3-15}$$

因此，对于简支梁，其平均应变 ε 为：

$$\varepsilon = \frac{S-l}{l} \tag{3-16}$$

将曲线长 S 代入式（3-16），并令 $\mu = \dfrac{ql^3}{24EI}$，整理可得：

$$\varepsilon = \frac{S-l}{l} = \frac{1}{8}\left[2\sqrt{1+\mu^2} + 3\sqrt{1+\left(\frac{11}{27}\mu\right)^2} + 3\sqrt{1+\left(\frac{13}{27}\mu\right)^2}\right] - 1$$

$$(3-17)$$

如果岩梁发生断裂,则必有 $\varepsilon \geqslant [\varepsilon]$,$[\varepsilon]$ 为岩梁的最大应变,即:

$$\frac{1}{8}\left[2\sqrt{1+\mu^2} + 3\sqrt{1+\left(\frac{11}{27}\mu\right)^2} + 3\sqrt{1+\left(\frac{13}{27}\mu\right)^2}\right] - 1 \geqslant [\varepsilon] \quad (3-18)$$

为了简化计算,只要式(3-19)成立,则式(3-18)必成立。即:

$$\frac{1}{8}\left[2\sqrt{1+\left(\frac{11}{27}\mu\right)^2} + 3\sqrt{1+\left(\frac{11}{27}\mu\right)^2} + 3\sqrt{1+\left(\frac{11}{27}\mu\right)^2}\right] \geqslant 1 + [\varepsilon]$$

$$(3-19)$$

解上述不等式得:

$$\mu \geqslant \frac{27}{11}\sqrt{(1+[\varepsilon])^2 - 1} \quad (3-20)$$

即:

$$l \geqslant \left(\frac{648EI}{11q}\sqrt{1+[\varepsilon]^{-1}}\right)^{1/3} \quad (3-21)$$

因此,若产生离层的岩梁为简支梁且当其在横向上的跨度 l 满足式(3-21)时,岩梁在自重作用下产生的挠曲使其应变达到最大值,岩梁断裂。此时岩梁生成的离层已达充分采动状态。

3.3 关键层破断对层间裂隙影响的 UDEC 模拟

UDEC 是基于拉格朗日算法的二维通用离散元算法程序,可以实现对不连续介质(例如岩体中的断层、裂隙、节理等)在处于静载或动载作用下力学行为的模拟,应用领域涉及岩土工程(介质变形和渐进破坏等,如高边坡稳定变形机理、矿山崩落开采等,模拟块体的变形和大位移)[135]、地质工程(如断裂过程、地质构造运动等)、地震工程(如模拟板块运动与工程震动等)、军事工程等,满足了解决工业界常规和超常规问题的需求。UDEC 静态分析问题的一般过程如图 3-8 所示。由于 UDEC 软件基于离散单元法理论特点,能模拟含节理裂隙煤岩体非连续介质,可以通过采动影响下围岩的移动破坏反映裂隙的分布规律,取得了较好的效果。

传统的实验室应力-应变和宏观力学试验,没有考虑各种限制条件和影响因素,故在一定程度上不能达到对采动围岩裂隙场各参数做连续性观测

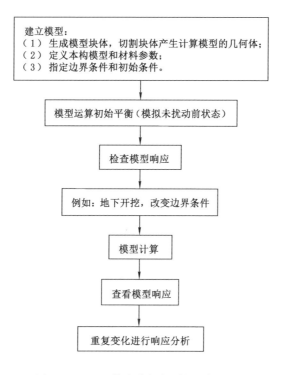

图 3-8　UDEC 静态分析问题的一般过程

以及对采动裂隙成因及数量、倾角等微观性质进行说明的目的,而 UDEC 可通过在煤岩层中布置随机节理来实现采动过程中采动围岩裂隙发育、扩展及闭合的动态演化过程[136],实现对采动围岩应力场、裂隙场、位移场的动态和定量描述。因此,UDEC 对于研究采动围岩裂隙动态演化规律具有重要意义。

3.3.1　方案的设计

以李家壕近距离煤层群为背景,为使研究结论具有普适性,分别建立层间含有单一亚关键层(层间距为 10 m、20 m、30 m)和层间含有两个亚关键层(层间距为 40 m)模型,共计 4 个模型。根据工作面顶板的岩性组合,对要研究范围内的覆岩做分层和概化处理,把物理力学性质相差不大、厚度较小的岩层进行组合,构建沿工作面走向的平面二维数值 UDEC 模型,将两层煤建为随机节理,不同模型覆岩结构参数见图 3-9。

模型一

序号	岩性	厚度/m	备注
1	风化砂岩	14	主关键层3
2	粗粒砂岩	9	
3	泥岩	4	
4	中粒砂岩	2	
5	细粒砂岩	6	亚关键层2
6	粉砂岩	6	
7	2-2中煤层	2	
8	泥岩	2	
9	砂质泥岩	6	亚关键层1
10	泥岩	2	
11	3-1煤层	4	
12	砂质泥岩	6	
13	粗粒砂岩	9	

模型二

序号	岩性	厚度/m	备注
1	风化砂岩	14	主关键层3
2	粗粒砂岩	9	
3	泥岩	4	
4	中粒砂岩	2	
5	细粒砂岩	6	亚关键层2
6	粉砂岩	6	
7	2-2中煤层	2	
8	泥岩	7	
9	砂质泥岩	6	亚关键层1
10	泥岩	7	
11	3-1煤层	4	
12	砂质泥岩	6	
13	粗粒砂岩	9	

模型三

序号	岩性	厚度/m	备注
1	风化砂岩	14	主关键层3
2	粗粒砂岩	9	
3	泥岩	4	
4	中粒砂岩	2	
5	细粒砂岩	6	亚关键层2
6	粉砂岩	6	
7	2-2中煤层	2	
8	泥岩	12	
9	砂质泥岩	6	亚关键层1
10	泥岩	12	
11	3-1煤层	4	
12	砂质泥岩	6	
13	粗粒砂岩	9	

模型四

序号	岩性	厚度/m	备注
1	风化砂岩	14	主关键层4
2	粗粒砂岩	9	
3	泥岩	4	
4	中粒砂岩	2	
5	细粒砂岩	6	亚关键层3
6	粉砂岩	6	
7	2-2中煤层	2	
8	泥岩	6	
9	砂质泥岩	6	亚关键层2
10	泥岩	10	
11	砂质泥岩	6	亚关键层1
12	泥岩	12	
13	3-1煤层	4	
14	砂质泥岩	6	
15	粗粒砂岩	9	

图 3-9 不同模型覆岩结构参数

　　模型走向长度为 250 m,模型高分别为 94 m、104 m、114 m、124 m,模型左右各留 50 m 煤柱,自左至右推进,模型一示意图如图 3-10 所示。

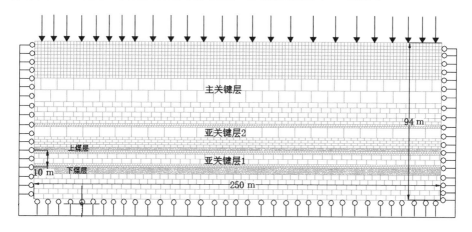

图 3-10　UDEC 模型一

3.3.2　煤层群采动裂隙演化特征

　　模型一下煤层开采时覆岩裂隙发育规律如图 3-11 所示。整体上,随着工作面的不断推进,围岩裂隙分布不断演化,新裂隙不断产生,原有部分裂隙由于岩层的沉降而逐渐闭合,工作面继续推进,又不断有新的裂隙产生。开切眼过程中,顶底板一定范围内产生离层,顶板下沉,周围煤层受采动影响裂隙发育,数量较多,而在煤层顶底板仅有少量裂隙发育。当工作面推进 40 m 时[图 3-11(b)],层间亚关键层破断,应力分布特征向上转移,开切眼和工作面煤壁处覆岩出现拉张破坏,裂隙张开,裂隙发育显著,裂隙密度较大,上煤层随层间亚关键层的破断而破坏,处于下煤层开采覆岩垮落带内。当工作面推进 60 m 时[图 3-11(c)],覆岩裂隙范围进一步扩大,覆岩中垂直裂隙和水平裂隙都有分布,且在开切眼处和工作面煤壁处覆岩裂隙相互贯通,垮落带高度不再增加,这主要是受亚关键层 2 的作用,由于其没有完全破坏,仍保持一定的完整性,应力无法继续向高处转移和发展,卸压范围开始只在横向扩大,但不再向纵向发展,卸压高度保持不变,关键层以上裂隙发育不明显。当工作面推进 80 m 时[图 3-11(d)],亚关键层 2 开始有一定的回转变形,采空区中部有一部分裂隙发育,由于亚关键层 2 破断岩块较大,这部分裂隙一直处于张开状态。随着工作面继续推进[图 3-11(e)],工作面侧覆岩裂隙同步向工作面前方发展,工作面后方 30 m 采空区裂隙逐步被压实闭合。当工作面推进到 100 m

时[图 3-11(f)]，覆岩裂隙主要集中在开切眼侧和工作面侧，由于亚关键层 2 整体下沉，受到采空区覆岩自重作用，采空区中部裂隙部分闭合，分布范围减小，但不会完全消失。

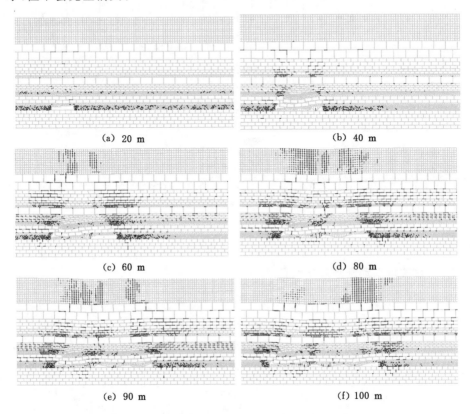

(a) 20 m   (b) 40 m

(c) 60 m   (d) 80 m

(e) 90 m   (f) 100 m

图 3-11　下煤层开采过程中覆岩裂隙发育规律（模型一）

模型二下煤层开采过程中覆岩裂隙发育规律与模型一基本一致，表明亚关键层数不变，层间距离增加，对于近距离煤层群覆岩裂隙演化影响不大。

模型三下煤层开采过程中覆岩裂隙发育规律如图 3-12 所示（部分图）。

当工作面推进 40 m 时[图 3-12(b)]，随着直接顶的垮落，亚关键层 1 在开切眼侧破断，出现一定的回转变形，覆岩出现宏观梯形裂隙区，宏观裂隙区内以水平离层裂隙和垂直破断裂隙为主，构成了梯形宏观瓦斯流动通道，梯形顶部水平宏观瓦斯流动通道形成的主要原因是岩层之间出现宏观分离，瓦斯上浮后容易聚集在此位置。梯形内部为压实区，该区域内裂隙相互贯通，裂隙高度网络化，主要是由覆岩内次生裂隙经过拉剪复合破坏而形成的，虽然在覆岩压力作用下，在采空区垮落破碎岩体的压实过程中宏观裂隙有一定程度的压实闭合，但仍

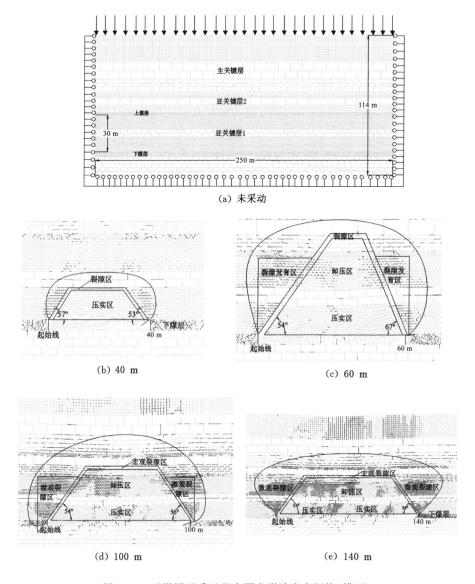

图 3-12　下煤层开采过程中覆岩裂隙发育规律(模型三)

然有大量微观贯通裂隙存在。梯形区域外部的开切眼侧和工作面侧煤岩体受到采动支承压力的影响,原生裂隙发生张拉和反向滑移扩展生成微细观次生裂隙。开切眼侧和工作面侧垮落角分别为 57°和 53°。

当工作面推进 60 m 时[图 3-12(c)],开切眼侧和工作面前方垮落角分别为

54°和67°，层间亚关键层1破断，在覆岩自重压力作用下，采空区中部垮落破碎岩体逐渐压实，裂隙闭合，形成压实区，而位于较高处的亚关键层2受下煤层采动影响较小，其变形和弯曲下沉较小，承担起覆岩大部分重量，下伏岩层与其发生离层，在亚关键层1与亚关键层2之间形成卸压区，水平裂隙较发育，区域内裂隙多为拉剪复合破坏而相互贯通。在开切眼和工作面侧，由于覆岩的破断和覆岩重力的转移，两处均处于增压区，两位置覆岩内原生裂隙可能出现张裂、弯折、反向滑移、剪切等扩展形式，在两侧均形成大范围的倒直角三角形裂隙发育区，随着高度的增加，裂隙发育区宽度增大。

随着下煤层工作面的进一步推进[图 3-13(d)、(e)]，工作面侧垮落角有所减小，覆岩亚关键层2缓慢下沉，亚关键层1与亚关键层2之间的岩层卸压范围继续增大，裂隙发育范围扩大，而下煤层与亚关键层1之间的岩层则不断被压实，裂隙逐渐闭合。

3.3.3　煤层群层间结构对覆岩裂隙演化影响

3.3.3.1　下煤层开采（模型三和模型四）

图 3-13 所示为模型三和模型四下煤层推进不同距离时覆岩裂隙演化对比图（部分图）。整体上，工作面推进过程中，亚关键层1下岩体由于处于压实区，裂隙发育程度和范围均较小。当工作面推进 40 m 时，亚关键层1弯曲下沉，开切眼侧和工作面侧裂隙发育明显，梯形宏观裂隙区开始形成，受亚关键层1影响，两模型裂隙发育高度基本相同，约为 12 m。当工作面推进 50 m 时[图 3-13(a)]，模型三裂隙发育突破了亚关键层1，但两亚关键层之间裂隙发育不明显，范围较小，而模型四裂隙发育直接穿过了亚关键层1和亚关键层2，到达亚关键层3，裂隙发育高度约为 48 m，表明亚关键层2对裂隙向高处发展影响较小，其主要作用的硬岩层为亚关键层3（对应模型三中亚关键层2），裂隙主要发育区域同样位于开切眼侧和工作面侧。随着工作面继续推进，模型三层间裂隙发育范围开始变大，这是由于亚关键层1在覆岩自重压力作用下破断下沉，而更高处的覆岩压力由亚关键层2承担，层间岩体卸压较为充分，而模型四由于层间含两层亚关键层，覆岩重量由它们共同承担，因此层间岩体整体下沉，裂隙发育程度较低、范围较小[图 3-13(b)]。当工作面推进到 100 m 时[图 3-13(c)]，模型三层间裂隙进一步增大，而模型四由于采出空间的增大，亚关键层1破断下沉量增大，亚关键层2也有一定的弯曲下沉，此时层间裂隙发育程度和发育范围均增大。工作面继续推进[图 3-13(d)]，模型三亚关键层1和亚关键层2间以及模型四亚关键层2和亚关键层3间裂隙范围进一步扩大，而模型四亚关键层1和亚关键层2之间裂隙逐渐压实闭合，裂隙范围变小。

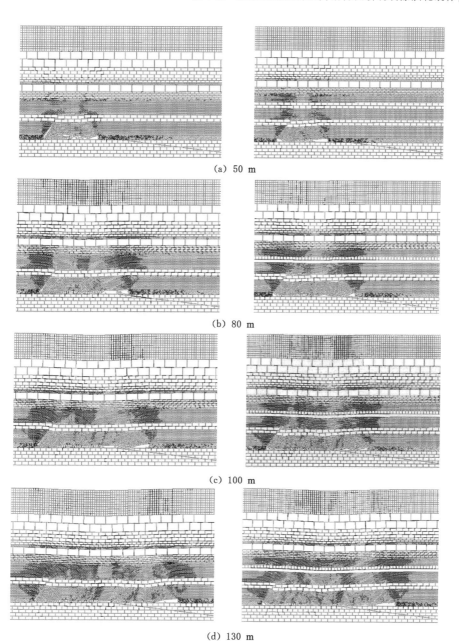

(a) 50 m

(b) 80 m

(c) 100 m

(d) 130 m

图 3-13　模型三和模型四下煤层推进不同距离时覆岩裂隙演化对比图

3.3.3.2　上煤层开采（模型三和模型四）

　　模型三和模型四上煤层开采时，其覆岩展现出与单一煤层开采时相似的裂隙演化规律，而上煤层底板裂隙发育和分布范围却有所不同，如图 3-14 所示。上煤层推进 80 m 时，两模型煤层底板裂隙均有一定的发育，只是发育范围不同：层间距为 30 m 时，底板发育范围向下到亚关键层 1；层间距为 40 m 时，底板发育范围向下到亚关键层 2。这是由于亚关键层是较硬岩层，可阻断裂隙向深部发展。

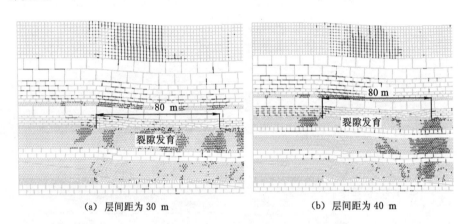

　　　　(a)　层间距为 30 m　　　　　　　　　　(b)　层间距为 40 m

图 3-14　模型三和模型四上煤层开采过程中围岩裂隙发育对比图

　　通过分析可以得出以下结论：亚关键层的位置、层数会影响覆岩裂隙的动态发育和分布规律，亚关键层不会影响裂隙向高处发展，岩性和厚度相同的两亚关键层（模型四）对亚关键层层间裂隙有抑制其发育范围增大的作用。

3.4　本章小结

　　本章基于关键层理论对近距离煤层群层间结构进行了分类，推导了覆岩宏观裂隙发育机理，并采用 UDEC 离散元数值模拟软件模拟了层间关键层结构对覆岩裂隙演化的影响，主要得到以下结论：

　　(1) 基于关键层理论将近距离煤层保护层开采层间结构类型分为层间无关键层结构、层间有单一亚关键层、层间有两个亚关键层、层间有多个亚关键层。

　　(2) 顶板破断形成垂直破断裂隙应满足破断变形强度条件 $L_i \geqslant [L_i] = 2h\sqrt{\dfrac{[\sigma_{is}]}{3\gamma H}}$，变形协调条件 $\Delta W_{mi} = h'_{i+1}(K'_{pi+1} - 1)\left[1 - \exp\left(-\dfrac{x}{2l_i}\right)\right] \geqslant \Delta =$

$h\left(1-\sqrt{\dfrac{1}{3nK\overline{K}}}\right)$，且垂直破断裂隙的张开角度与岩层内部下沉曲线方程的二阶

导数 $\beta_i=\dfrac{\mathrm{d}W_i}{\mathrm{d}x_i}-\dfrac{\mathrm{d}W_{i+1}}{\mathrm{d}x_{i+1}}=\displaystyle\int_{x_i}^{x_{i+1}}W''\mathrm{d}x$ 有关。基于岩梁的最大应变理论推导出将

岩梁视为简支梁时断裂所满足的跨度条件 $l\geqslant\left(\dfrac{648EI}{11q}\sqrt{1+[\varepsilon]^{-1}}\right)^{1/3}$。

（3）层间含单一亚关键层时，随着下煤层的开采，覆岩形成梯形宏观裂隙区及宏观瓦斯流动通道，梯形顶部水平宏观瓦斯流动通道形成的主要原因是岩层之间出现宏观分离，瓦斯上浮后容易聚集在此位置。

（4）层间不止一层亚关键层时，亚关键层的位置、层数会影响覆岩的动态发育和分布规律，亚关键层不会影响裂隙向高处发展，岩性和厚度相同的两亚关键层对其层间裂隙范围增大有抑制作用。

第4章 基于采空区应力分布的煤层群开采空间卸压规律研究

采空区的不可接触性使得采空区应力恢复规律、采空区垮落破碎岩体参数研究相对缺少,数值模型中的采空区岩体弹性模量赋值往往位于7～2 069 MPa范围[80],如此大的变化范围会极大地影响数值模拟结果,研究并考虑采空区应力分布特征将会使模拟长壁开采情况下的结果更加准确。本章将以采空区应力分布特征为基础,通过 Fish 语言将采空区应力分布拟合到数值模型中,得到下保护层工作面推进过程中煤层群层间围岩应力场和位移场空间分布特征,并进一步分析了上被保护层空间卸压效果。

4.1 长壁工作面采空区围岩应力分布特征

长壁开采是煤矿地下开采应用最广泛的方法之一,长壁工作面采空区的力学行为对于了解开采后复杂的围岩、地表反应都是非常重要的。采空区力学行为与长壁工作面覆岩移动裂隙演化等一系列采动影响既是相互统一的整体,又是相互影响的独立个体。煤层开采后,由于顶板失去支撑上部垂直载荷的能力,直接顶垮落,随着工作面继续推进,基本顶形成周期垮落,但随着垮落后的岩块在煤层底板堆积直到与下沉的顶板岩层接触,垮落的岩块将再次支撑上部载荷,采空区应力逐渐恢复。在采空区靠近煤壁侧采空区应力恢复程度较低的区域,称为应力释放区,而采空区内部应力恢复程度较高的区域,称为应力恢复区,并将应力完全恢复区到煤壁之间的距离称为应力恢复距离。但由于煤层开采后采空区垮落裂隙岩体具有隐蔽性和不可接触性,极大地增加了对采空区应力恢复特征的研究难度。

4.1.1 采空区应力恢复影响因素

影响采空区应力恢复的因素有许多,如不同的地质条件(如覆岩岩体强度、覆岩关键层层位及数量、煤层埋深等)、不同的生产技术条件(如煤层开采方式、工作面长度、工作面推进速度等)等。采空区应力的释放、恢复和发展是一个不断变化的动态过程,顶板随工作面推进垮落,采空区应力释放,垮落矸石逐渐压实,采空区应力恢复,这个过程随着工作面的推进而不断变化。研究采空区的应力恢复特征对于掌握采空区垮落岩体的渗透率、孔隙率,采空区覆岩的运移和应力分布的动态变化过程,以及顶板卸压规律和裂隙演化规律等均具有十分重要的意义。

Whittaker[67]第一次提出了单一煤层开采采空区应力分布示意图,如图 1-8 所示。从图 1-8 中可以看出,在采空区周围实体煤内侧采空区应力恢复程度较低,近似呈"O"形圈[137]分布,该部分采空区垮落岩体压实度较低,垮落岩体空隙较大,渗透性较好,是水与瓦斯运移的主要通道。

随着采煤工作面的前移,液压支架随之前移,其后方的顶板失去支护而逐渐垮落,垮落后的岩体体积膨胀直到与下沉的顶板岩层接触,因此可据此将采空区划分为 5 个独立的应力区域[86](图 4-1):原岩应力区(未受采动扰动区),前方和侧方支承压力影响区,采空区与工作面之间的裸露区,过渡区(破断的岩体压缩程度随着距离工作面的距离增大而增大),完全压实区(区域内垮落岩体被完全压实,采空区应力趋于原岩应力)。

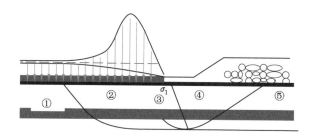

①—原岩应力区;②—支承压力影响区;③—裸露区;④—过渡区;⑤—完全压实区。

图 4-1　底板岩层应力分区示意图

工作面刚开挖时,顶板开始垮落,只有垮落的岩体重量形成采空区压力,同时,在工作面的前后两端将形成一个压力拱,在采空区上方还会形成压力降低区,随着工作面的继续推进,顶板垮落范围继续扩大,垮落的煤岩体堆积,压力拱的范围变大,当压力拱宽度达到最大,基本顶重量不能转移到采空区周围实体煤时,基本顶断裂。在基本顶第一次断裂之后,随着采出空间的继续扩大,底板上垮落的松散岩块的厚度不断增加,最后由于采空区垮落、岩体膨胀、顶板下沉、底板鼓起等因素的共同影响,垮落的岩体开始与顶板接触,并开始承载部分上覆岩层的压力。随着开采的继续,顶板下沉并完全压在采空区垮落岩体上,逐渐将采空区压实。现场经验表明,当采出空间足够大时,顶板垮落、采空区垮落煤岩体的重新压实和顶板下沉将会随着工作面推进而循环。

4.1.2 采空区垮落岩体本构关系

Morsy 等[80]通过三维有限元方法研究了采空区垮落岩体对顶板的支撑作用,模型中所用的岩体均被假设为均质的、各向同性的弹性体,他们发现由于采空区提供对顶板的支撑后,侧向及超前支承压力急剧减小,同时侧向及超前支承压力的减小对采空区垮落岩体的压实度、垮落带高度、裂隙带高度并不敏感。基于这些发现,他们采用经验方法,根据采空区垮落岩体的压实程度,将采空区岩体的杨氏模量估计为其顶板岩石模量的 $1/100 \sim 1/50$。

基于采空区矸石材料应变硬化本构关系及采空区材料的变形模量随着压实度的增大而增加的特性,Terzaghi 和 Salamon 分别提出了采空区材料的应变硬化模型。

Terzaghi 的方法是假设颗粒材料的切线杨氏模量与所施加的正应力呈线性关系。

$$E_t = E_0 + a\sigma \tag{4-1}$$

式中　E_t——切线杨氏模量;

　　　σ——正应力;

　　　a——常数;

　　　E_0——初始弹性模量。

E_0 通过完整岩石的弹性模量估算:

$$E_0 = R_0 E_i \tag{4-2}$$

式中　R_0——常数。

正应力和正应变的微分方程为:

$$\mathrm{d}\sigma = E_t \mathrm{d}\varepsilon \tag{4-3}$$

联合式(4-1)和式(4-3)得:

$$\mathrm{d}\varepsilon = \frac{\mathrm{d}\sigma}{R_0 E_i + a\sigma} \tag{4-4}$$

对式(4-4)积分得:

$$\varepsilon = \frac{1}{a}\ln(R_0 E_i + a\sigma) + c \tag{4-5}$$

式中 c 为积分常数,可由初始条件决定:

当 $\sigma = 0$ 时:

$$\varepsilon = 0 \tag{4-6}$$

可得到:

$$c = -\frac{\ln(R_0 E_i)}{a} \tag{4-7}$$

因此：

$$\varepsilon = \frac{1}{a}\ln(1 + \frac{a}{R_0 E_i}\sigma)\qquad(4\text{-}8)$$

将式(4-8)变形得：

$$\sigma = \frac{R_0 E_i}{a}(e^{\varepsilon a} - 1)\qquad(4\text{-}9)$$

4.1.3　采空区应力恢复距离理论分析

4.1.3.1　采场上覆岩体载荷守恒计算模型[123]

King 和 Whittaker 根据煤壁随采空区覆岩的支撑作用提出了采空区方向支撑角 β，如图 4-2 所示区域 C，根据能量守恒原理，区域 C 的覆岩载荷由煤壁支撑，导致煤壁处载荷增加，形成应力集中，同时导致采空区载荷减小，B 区域的范围可通过计算 A 区域或 C 区域的载荷得到，将采空区应力恢复简化后看作线性恢复，从而得到采空区内应力恢复距离[123]。

对于煤壁前方应力集中区域的理论研究已经较为成熟，且现场实测也较容易实施。根据图 4-2，设煤壁前方载荷增加区内总载荷为 L_s，初始载荷为 L_0，载荷总增量为 L'_s，则三者之间关系为 $L'_s = L_s - L_0$，$L_0 = \gamma H(x_0 + x_1)$，且根据能量守恒原理，如图 4-2 所示，区域 A 增加的载荷与区域 B 减小的载荷相等，将采空区的应力恢复看作线性恢复，因此采空区应力恢复距离 X_a 为：

$$X_a = \frac{2L'_s}{\gamma H}\qquad(4\text{-}10)$$

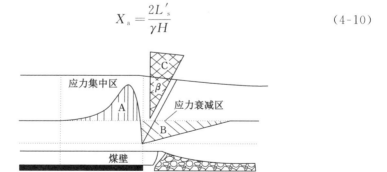

图 4-2　煤壁附近应力分布

工作面煤壁前方支承压力包括弹性区和塑性区两部分，对煤壁前方应力分布规律的研究广泛采用弹塑性极限平衡理论[138]，其模型如图 4-3 所示，作如下假设：

① 煤体为均匀连续性介质；

② 煤体破坏为剪切破坏，且满足莫尔-库仑准则；

③ 研究对象为极限范围内的煤体,并视为平面应变问题;

④ 设 $x=x_0$ 为煤柱极限强度处,$\sigma_y=K'\gamma H$。

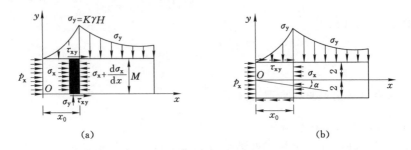

图 4-3　支承压力极限平衡区宽度计算原理示意图

根据图 4-3(a)可得塑性区内支承压力公式[138]:

$$\sigma_y=\tau_0\cot\varphi\ \frac{1+\sin\varphi}{1-\sin\varphi}\mathrm{e}^{\frac{2\zeta x}{M}\left(\frac{1-\sin\varphi}{1+\sin\varphi}\right)} \tag{4-11}$$

设塑性区范围为 x_0,支承压力在 x_0 处达到峰值,则:

$$x_0=\frac{M}{2\zeta}\ \frac{1+\sin\varphi}{1-\sin\varphi}\ln\left(\frac{K'\gamma H}{\tau_0\cot\varphi}\ \frac{1-\sin\varphi}{1+\sin\varphi}\right) \tag{4-12}$$

式中　φ——煤体内摩擦角,(°);

　　　γ——上覆岩层容重,kN/m³;

　　　ζ——层间摩擦系数;

　　　H——煤层埋深,m;

　　　M——煤层厚度,m;

　　　x——应力增加区内任一点到煤壁的距离,m;

　　　K'——煤壁处应力集中系数;

　　　$\tau_0\cot\varphi$——煤体自撑力,MPa。

谢广祥等[139]以松散介质平衡理论为基础,将煤层倾角考虑在内,推导出了煤壁前方支承压力分布规律及其峰值位置(到煤壁距离),计算模型如图 4-3(b)所示。

$$\sigma_y=\left[\frac{1}{\beta}(p_x+\gamma_0 x_0\sin\alpha)+\frac{2c_0-M\gamma_0\sin\alpha}{2\tan\varphi_0}\right]\mathrm{e}^{\frac{M\beta\gamma_0\cos\alpha-2\tan\varphi_0}{2\beta}+\frac{2\tan\varphi_0}{M\beta}x+\left(\frac{2\tan^2\varphi_0}{M\beta}-\gamma_0\cos\alpha\right)y}$$
$$\tag{4-13}$$

$$x_0=\frac{M\beta}{2\tan\varphi_0}\ln\left[\frac{\beta(K'\gamma H\cos\alpha\tan\varphi_0+2c_0\pm M\gamma_0\sin\alpha)}{\beta(2c_0\pm M\gamma\sin\alpha)+2p_x\tan\varphi_0}\right] \tag{4-14}$$

式中　p_x——巷道支护对煤壁沿 x 方向的约束力,MPa;

　　x——水平方向距坐标原点距离,m;

　　y——垂直方向距坐标原点距离,m;

　　γ_0——煤体平均体积力,MPa;

　　β——极限强度所在面的侧压系数;

　　x_0——采空侧至煤柱极限强度发生处的距离,m;

　　c_0——煤层与顶底板界面处的黏聚力,MPa;

　　φ_0——煤层与顶底板界面处的摩擦角,(°)。

　　煤壁前方弹性区的分布可取煤体弹性区内一微单元体作为研究对象,其计算原理如图 4-3(a)所示,根据应力平衡条件,通过 $\sum F_x = 0, T' = \zeta\sigma_y$,可得 $(\sigma_x + \mathrm{d}\sigma_x)M + 2(\zeta\sigma_y)\mathrm{d}x - \sigma_x M = 0$,其中 $\sigma_x = \lambda\sigma_y$,式中 λ 为侧压系数。

　　设水平应力满足 $\sigma_x = \lambda\sigma_y$,弹性区分布范围为 x_1,在边界位置方程满足[138]:

　　当 $x = x_0$ 时,$T'|_{x=x_0} = \zeta K'\gamma H$

　　当 $x = x_0 + x_1$ 时,$T'|_{x=x_0+x_1} = 0$

　　按照上述关系得到弹性区垂直应力大小和分布范围[138]:

$$\sigma_y = K'\gamma H e^{\frac{2\zeta}{\lambda M}(x_0-x)} \tag{4-15}$$

$$x_1 = \frac{M\lambda}{2\zeta}\ln K' \tag{4-16}$$

　　因此对煤壁前方塑性区和弹性区内单位宽度承受载荷式(4-15)进行积分,即得到其承受总载荷为:

$$L_s = \int_0^{x_0}\sigma_y\mathrm{d}x + \int_{x_0}^{x_0+x_1}\sigma_y\mathrm{d}x = \int_{x_0}^{x_0+x_1}K'\gamma H e^{\frac{2\zeta}{\lambda M}(x_0-x)}\mathrm{d}x +$$

$$\int_0^{x_0}\left[\frac{1}{\lambda}(p_x + \gamma_0 x_0\sin\alpha) + \frac{2c_0 - M\gamma_0\sin\alpha}{2\tan\varphi_0}\right]\cdot$$

$$e^{\frac{M\lambda\gamma_0\cos\alpha - 2\tan\varphi_0}{2\lambda} + \frac{2\tan\varphi_0}{M\lambda}x + \left(\frac{2\tan^2\varphi_0}{M\lambda} - \gamma_0\cos\alpha\right)y}\mathrm{d}x \tag{4-17}$$

将采空区视为线性恢复,则应力恢复距离 X_a 为:

$$X_a = \frac{2L'_s}{\gamma H}$$

$$= \frac{2\left\{\int_0^{x_0}\left[\frac{2c_0 - M\gamma_0\sin\alpha}{2\tan\varphi_0} + \frac{1}{\lambda}(p_x + \gamma_0 x_0\sin\alpha)\right]e^{\frac{2\tan\varphi_0}{M\lambda}x + \frac{M\lambda\gamma_0\cos\alpha - 2\tan\varphi_0}{2\lambda} + \left(\frac{2\tan^2\varphi_0}{M\lambda} - \gamma_0\cos\alpha\right)y}\mathrm{d}x\right\}}{\gamma H}$$

$$+ 2\int_{x_0}^{x_0+x_1}K'e^{\frac{2\zeta}{\lambda M}(x_0-x)}\mathrm{d}x - 2(x_0 + x_1) \tag{4-18}$$

　　根据与 84306 工作面具有相似地质条件的相邻工作面的实测结果可知,其超前支承压力影响范围约为 60 m,煤壁前方支承应力峰值约为 40 MPa,最大应力集中系数约为 3,支承压力峰值距煤壁约 6 m,层间摩擦系数可根据式(4-15)反算得到。84306 工作面煤壁支承压力分布计算参数见表 4-1。取 $y = M/2$,计算得到 $X_a = 103$ m。

表 4-1　84306 工作面煤壁支承压力分布计算参数

M/m	λ	α/(°)	φ_0/(°)	ζ	γH/MPa	p_x	$x_0 + x_1$	c_0	K'	γ_0/MPa
3	1.02	0	32	0.031	13	0	60	2	3	0.025

4.1.3.2　侧向扩展支承载荷模型

King 和 Whittaker 提出了利用围岩侧向支承扩展角代替围岩载荷模型,在该模型中,由于开采而引起的角度为 β 的楔形体的自重载荷将被采空区周围煤岩体所承担,并将侧向支承扩展角近似等同于地表沉陷扩展角,如图 4-4 所示。模型中当煤层埋深 H 与工作面宽度 P_0 满足 $\dfrac{H}{P_0} \leqslant \dfrac{1}{2\tan\beta}$ 时,采空区承担集中载荷为 L_s,且 $L_s = H^2\tan\beta\gamma/2$;当 $\dfrac{H}{P_0} > \dfrac{1}{2\tan\beta}$ 时,采空区边界附加载荷为 L_{ss},且 $L_{ss} = \left(\dfrac{HP_0}{2} - \dfrac{P_0^2}{8\tan\beta}\right)\gamma$,式中 γ 为地层容重。

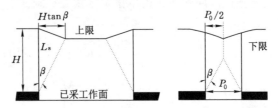

图 4-4　侧向支承应力载荷角原理图

将采空区应力视为线性恢复,采空区应力恢复距离 X_a 为:

$$
\begin{cases}
X_a = \dfrac{2L_s}{\gamma H} = \dfrac{2H^2\tan\beta\gamma}{2\gamma H} = H\tan\beta & \dfrac{H}{P_0} \leqslant \dfrac{1}{2\tan\beta} \\[4mm]
X_a = \dfrac{2L_{ss}}{\gamma H} = \dfrac{2\left(\dfrac{HP_0}{2} - \dfrac{P_0^2}{8\tan\beta}\right)\gamma}{\gamma H} = P_0 - \dfrac{P_0}{4H\tan\beta} & \dfrac{H}{P_0} > \dfrac{1}{2\tan\beta}
\end{cases}
\tag{4-19}
$$

从式(4-19)可以看出,大多数煤壁支承模式符合上述临界条件,将工作面推进方向视为足够长,则采空区应力恢复距离 $X_a = H\tan\beta$,即与煤层埋深和支承扩展角的正切值成正比。后 Choi 和 Mark 等[69,140]分别建议支承扩展角取值 18°和 21°,得到采空区应力恢复距离分别为煤层埋深的 32%和 38%。当长平煤矿 84306 工作面埋深在 530 m 左右时,根据开采条件相似工作面地表沉陷监测情况,支承扩展角取 18°,故计算得应力恢复距离为 169 m。

4.1.3.3　基于地表下沉量的采空区应力恢复距离计算方法

Yavuz[79]通过对南非金矿充填体材料变形特征的研究,提出其应力应变满足:

$$\sigma = \frac{E_0 \varepsilon}{1 - \varepsilon/\varepsilon_m} \qquad (4-20)$$

式中　E_0——初始切线模量;

　　　ε——应变;

　　　ε_m——最大应变;

　　　σ——所施加应力。

式(4-20)在描述采空区破碎岩石的应力应变特征时被广泛应用,其中垮落带破坏高度可由式(4-21)求出:

$$h_c = \frac{h}{b-1} \qquad (4-21)$$

式中　h——煤层采高;

　　　b——垮落岩石的体积碎胀系数。

采空区垮落带破碎岩石的最大应变 ε_m 可以由式(4-22)得到,假设覆岩载荷无限大,采空区破碎岩石被完全压实:

$$\varepsilon_m = \frac{b-1}{b} \qquad (4-22)$$

Pappas 等[68]针对采空区破碎煤岩体性质进行了大量的实验室室内研究,Yavuz 根据其研究成果对 E_0 进行拟合计算,推导出下式:

$$E_0 = \frac{10.39 \sigma_c^{1.042}}{b^{7.7}} \qquad (4-23)$$

式中　σ_c——岩块单轴抗压强度。

由式(4-22)和式(4-23)可以看出,如果已知采空区垮落岩石体积碎胀系数、破碎岩块单轴抗压强度及其应变特征,则可对采空区破碎岩石所受垂直应力情况进行反演算。

Yavuz 根据地面沉降与采空区破碎岩体压缩变形之间的关系,对采空区应力恢复处距煤壁的距离、对应的地表沉降量及采空区应力恢复距离进行了公式推导,采空区应力恢复和覆岩位移示意图如图 4-5 所示。

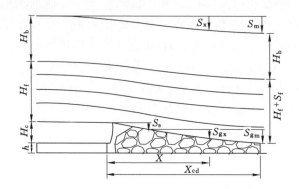

图 4-5　采空区应力恢复和覆岩位移示意图[79]

图 4-5 及以下各式中，S_x、S_{gx} 为采空区距开采煤壁距离 X 处对应地面下沉量与采空区压缩量；S_{gm} 为应力恢复区采空区破碎岩体压缩量；S_s 为基本顶弯曲下沉量；S_f 为裂隙区垂向碎胀；S_m 为采空区应力恢复处对应的地面下沉量；H_b 为弯曲下沉带厚度；H_f 为断裂带高度；H_c 为垮落带高度；h 为煤层采高；X_a 为采空区应力恢复处距煤壁的距离。

由图 4-5 可知，垮落带破碎岩体在应力恢复距离处满足下式：

$$S_{gm} + S_s + H_f + H_b = S_m + H_f + H_b + S_f$$

故：

$$S_{gm} = S_m + S_f - S_s \qquad (4\text{-}24)$$

垮落带破碎岩体的应变大小与到煤壁或者煤柱侧的距离、工作面埋深、岩体性质等有关，在采空区应力恢复处垮落岩体的应变可由下式表述：

$$\varepsilon_{gm} = \frac{S_{gm}}{H_c + h} \qquad (4\text{-}25)$$

其中：

$$H_c = \frac{h - S_s}{b - 1}, \quad S_s \leqslant S_{smax} \qquad (4\text{-}26)$$

将式(4-25)和式(4-26)代入式(4-24)得：

$$\varepsilon_{gm} = \frac{(S_m + S_f - S_s)(b - 1)}{hb - S_s} \qquad (4\text{-}27)$$

采空区垮落破碎岩体应力-应变关系可改写为应变关于恢复应力之前的关系：

$$\varepsilon_{gm} = \frac{\sigma_v}{E_0 + \sigma_v / \varepsilon_m} \qquad (4\text{-}28)$$

式中　ε_{gm}——应力恢复距离 X_{cd} 处的应变；

σ_v——采空区恢复应力大小。

σ_v 的值为：

$$\sigma_v = \gamma H \qquad (4-29)$$

式中　H——煤层埋深；

　　　γ——覆岩容重。

将式(4-29)和式(4-22)代入式(4-28)可得采空区破碎岩体在应力恢复区的垂直应变：

$$\varepsilon_{gm} = \frac{\gamma H(b-1)}{E_0(b-1) + \gamma Hb} \qquad (4-30)$$

将式(4-27)和式(4-30)联立即可得到由于地表变形和采空区垮落岩体变形而引起的地表沉降：

$$S_m = \frac{\gamma H(hb - S_s)}{E_0(b-1) + \gamma Hb} - S_f + S_s \qquad (4-31)$$

式中：

$$S_f = \frac{0.4h}{c_3 h + c_4} \qquad (4-32)$$

煤层开采厚度 h 越大，基本顶弯曲下沉量 S_s 越大，根据文献[141]中关于采高与基本顶弯曲下沉量关系的实测数据，其值可由下式确定：

$$S_s = 0.05 h^{1.2} \qquad (4-33)$$

因此，将式(4-23)、式(4-32)和(4-33)代入式(4-31)得到采空区应力恢复处对应的地表下沉量表达式为：

$$S_m = \frac{\gamma Hb^{7.7}(hb - 0.05h^{1.2})}{10.39\sigma_c^{1.042}(b-1) + \gamma Hb^{8.7}} - \frac{0.4h}{c_3 h + c_4} + 0.05h^{1.2} \qquad (4-34)$$

当采高不大和基本顶岩体强度较弱时，基本顶弯曲下沉量 S_s 和裂隙区垂向碎胀量 S_f 的值很小，可以忽略，因此，式(4-34)可以简化为：

$$S_m = \frac{\gamma Hb^{8.7}h}{10.39\sigma_c^{1.042}(b-1) + \gamma Hb^{8.7}} \qquad (4-35)$$

从式(4-35)可知，当采空区应力恢复时，地面下沉量与开采条件(如煤层埋深、煤层采高等)有关，也与地质条件(如垮落破碎岩体的体积碎胀系数强度等)有关。当煤层埋深为 600 m，采高为 3 m，采空区岩体碎胀系数取 1.2，抗压强度取 30 MPa 时，此时地面下沉量约为 1.22 m。

Yavuz[79]根据英国国家煤炭局绘制的地表最大沉降量与工作面宽度、煤层开采厚度、煤层埋深的关系图，选取了垮落带碎胀系数为 1.2～1.5、煤层埋深为 100～600 m、开采厚度为 1～5 m 的不同组合关系对应的沉降量 S_m 进行统计，并对采空区应力恢复距离 X_a 及不同位置垂直应力 σ_x、H 和 S_m/h 的关系进行

拟合,得到下式:

$$X_{cd} = 0.2H^{0.9}\sigma^{S_m/h}, \quad R^2 = 0.993 \tag{4-36}$$

将式(4-35)代入式(4-36)可得:

$$X_{cd} = 0.2H^{0.9}\sigma^{\gamma Hb^{8.7}/[10.39\sigma_c^{1.042}(b-1)+\gamma Hb^{8.7}]} \tag{4-37}$$

此式适用于与英国煤矿拥有相同的地表下沉值和相同的采空区岩体参数的煤矿,否则 S_m 发生的位置需要进行现场实测。图 4-6 所示为采高固定为 2 m、煤层埋深为 100～600 m、碎胀系数为 1.2～1.5 的应力恢复距离示意图。从图 4-6 中可以看出,采空区应力恢复距离与垮落岩体碎胀系数、煤层埋深均为正相关,与采空区顶板岩性呈负相关。当采空区碎胀系数为 1.2、埋深为 600 m、顶板为中硬岩层时,采空区应力恢复距离为 150 m。

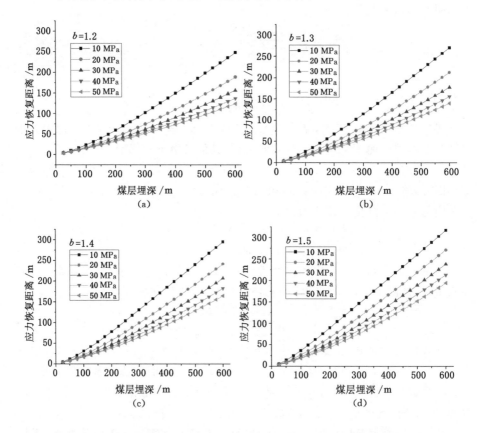

图 4-6 采空区应力恢复距离与采空区顶板岩性、垮落岩体碎胀系数、煤层埋深关系图

图 4-7 所示为采空区应力恢复距离与煤层采高关系图。从图 4-7 中可知,在相同地质条件下,采空区应力恢复距离随着煤层采高的增大而增大,但煤层采

高对其影响较顶板岩性小。当采高为 3 m、埋深为 600 m、顶板为中硬岩层时，采空区应力恢复距离为 150 m。

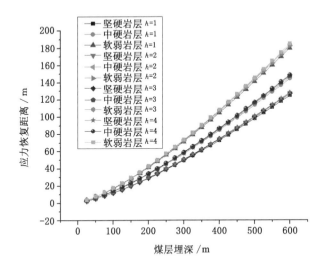

图 4-7　采空区应力恢复距离与煤层采高关系图

结合长平煤矿 84306 工作面参数(表 4-2)，根据式(4-37)可计算得到其采空区应力恢复距离为 120～140 m。

表 4-2　84306 工作面参数

H/m	b	σ_c/MPa	h/m	$\gamma/(\mathrm{MN/m^3})$
480～530	1.2～1.4	30	1～3	0.025

4.2　围岩岩体力学参数确定

在研究煤矿开采而引发的围岩破坏和稳定性控制过程中，工程岩体力学参数是首先需要获得的关键数据之一。煤矿开采的巷道稳定性控制、工作面岩层移动规律、围岩裂隙演化规律等的研究，无论是借助实验室相似材料模拟还是计算机数值模拟手段，都需要选取合理的岩体强度参数，参数选取的正确与否直接影响到研究结果的准确性和可靠性，因此工程岩体力学参数的确定至关重要。

4.2.1　岩石力学参数的实验室测定

岩石物理力学参数是煤矿井下工程中，进行围岩稳定性判定、生产技术管理、

煤层群上行开采层间裂隙演化及卸压空间效应

巷道及采场支护设计、采掘施工设备选型及数值模拟计算不可缺少的基础资料。为了准确了解长平煤矿 3# 煤和 8# 煤顶底板岩层力学参数,采用地质取芯钻机对四采区 4314 工作面围岩进行了取样和物理力学参数测试,加工后的试件如图 4-8 所示。

图 4-8　加工后的试件

4314 工作面围岩岩石力学性能参数见表 4-3。

表 4-3　4314 工作面围岩岩石力学性能参数

岩样	位置(范围)/m	单轴抗压强度/MPa	单轴抗拉强度/MPa	密度/(kg/m³)	内摩擦角 φ/(°)	泊松比	弹性模量/GPa	黏聚力/MPa	抗剪强度/MPa
顶板	1(3#煤)	4.62	0.26	1 352	57.65	0.23	2.41	0.26	2.81
	2(0~2.0)	19.32	3.34	2 304	55.27	0.31	11.67	1.93	16.28
	3(2.0~8.04)	41.12	4.37	2 636	57.25	0.28	28.21	2.64	22.38
	4(8.04~14.3)	20.45	3.23	2 322	54.78	0.30	12.27	2.12	15.64
	5(14.3~25.0)	9.33	2.46	2 329	47.34	0.21	10.23	1.78	46.57
	6(25.0~32.0)	75.72	5.14	2 754	45.82	0.22	24.78	8.25	45.47
	7(32.0~34.0)	19.06	3.15	2 297	55.23	0.29	11.82	1.88	15.98
	8(34.0~36.0)	18.42	2.44	2 300	54.27	0.32	11.67	1.88	14.30
	9(36.0~46.0)	21.40	3.20	2 322	54.70	0.30	11.70	2.10	15.60
	10(46.0~48.0)	19.32	3.34	2 304	55.27	0.31	11.67	1.93	16.28
	11(48.0~58.0)	20.50	3.30	2 322	53.80	0.30	11.20	2.20	15.40

4.2.2　基于 GSI(地质强度指标)岩体力学参数确定

数值模拟计算过程中的岩体力学参数应该尽可能与所要解决的现场的材料参数相接近,实验室测试的岩石力学参数不能直接用于数值模拟软件来解决大尺度问题,岩体力学参数需要将岩体的不连续性、非均质性考虑在内。

为了解决这一问题,国内外许多岩石力学专家提出了在岩体质量分级的基础上运用经验公式估计岩体力学参数的方法,如应用岩体质量指标 RMR(岩体质量分级)、Q 值、GSI 值等来计算岩体的变形模量、单轴抗压强度、抗拉强度等参数。其中 Hoek 和 Brown 提出的估算岩体力学参数的方法被广为接受。通过 GSI 围岩分类系统和 Hoek-Brown 强度准则相结合来确定岩体力学参数既准确、方便、快捷，可操作性又强，尤其在岩体工程初步设计阶段发挥着十分重要的作用。

　　量化的 GSI 围岩分级系统(图 4-9)是由 Hoek 和 Brown 在多年实践经验基础上发展起来的，其值根据岩体表面条件和岩体结构特征条件来估计。通过 GSI 指标来对 Hoek-Brown 准则[142-143]进行修正，对不同地质条件下具有不同表面条件和结构特征的岩体，其强度可以通过估算 Hoek-Brown 准则参数 m_b、s 和 a 而得到。

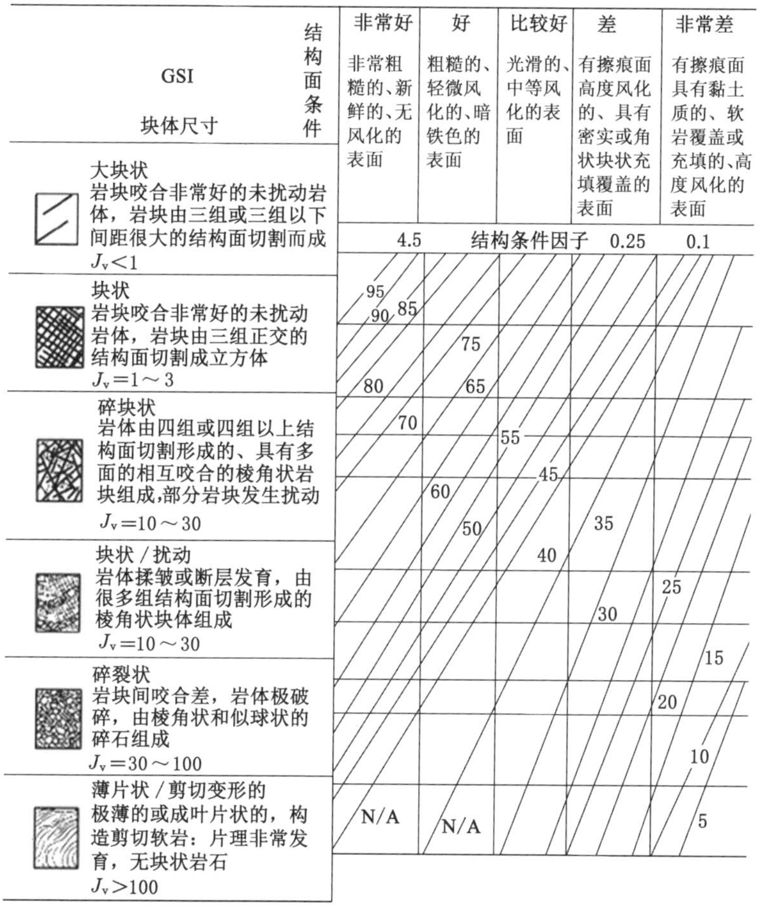

GSI 块体尺寸	结构面条件	非常好 非常粗糙的、新鲜的、无风化的表面	好 粗糙的、轻微风化的、暗铁色的表面	比较好 光滑的、中等风化的表面	差 有擦痕面高度风化的、具有密实或角状块充填覆盖的表面	非常差 有擦痕面具有黏土质的、软岩覆盖或充填的、高度风化的表面
大块状 岩块咬合非常好的未扰动岩体，岩块由三组或三组以下间距很大的结构面切割而成 $J_v<1$		4.5	结构条件因子		0.25	0.1
块状 岩块咬合非常好的未扰动岩体，岩块由三组正交的结构面切割成立方体 $J_v=1\sim3$		95 90 80 70	85 75 65			
碎块状 岩体由四组或四组以上结构面切割形成的、具有多面的相互咬合的棱角状岩块组成，部分岩块发生扰动 $J_v=10\sim30$			60 50	55 45 40	35	
块状/扰动 岩体揉皱或断层发育，由很多组结构面切割形成的棱角状块体组成 $J_v=10\sim30$					30	25
碎裂状 岩块间咬合差，岩体极破碎，由棱角状和似球状的碎石组成 $J_v=30\sim100$					20	15 10
薄片状/剪切变形的 极薄的或成叶片状的，构造剪切软岩：片理非常发育，无块状岩石 $J_v>100$		N/A	N/A			5

图 4-9　量化的 GSI 围岩分级系统

Hoek-Brown 节理岩体破坏准则的一般式为：

$$\sigma_1' = \sigma_3' + \sigma_{ci}\left(m_b\frac{\sigma_3'}{\sigma_{ci}} + s\right)^a \tag{4-38}$$

式中　σ_1'，σ_3'——岩体破坏时的最大和最小有效主应力；

　　　σ_{ci}——岩石的单轴抗压强度；

　　　s，a——Hoek-Brown 常数，与岩体本身特征有关；

　　　m_b——Hoek-Brown 常数，可以通过岩块的 Hoek-Brown 常数 m_i 折算得到。

m_b、s 和 a 分别由下列公式定义：

$$m_b = m_i\exp\left(\frac{GSI - 100}{28 - 14D}\right) \tag{4-39}$$

$$s = \exp\left(\frac{GSI - 100}{9 - 3D}\right) \tag{4-40}$$

$$a = \frac{1}{2} + (e^{-GSI/15} - e^{-20/3}) \tag{4-41}$$

式中　D——岩体扰动系数，考虑爆破损伤和应力释放对围岩强度的影响。

通过 Hoek-Brown 准则估算的岩体力学参数公式如下：

岩体单轴抗压强度为：

$$\sigma_c = \sigma_{ci}s^a，\quad \sigma_3' = 0 \tag{4-42}$$

岩体抗拉强度为：

$$\sigma_t = -\frac{s\sigma_{ci}}{m_b}，\quad \sigma_1' = \sigma_3' = \sigma_t \tag{4-43}$$

岩体弹性模量为：

$$E_m = \left(1 - \frac{D}{2}\right)\sqrt{\frac{\sigma_{ci}}{100}} \cdot 10^{(GSI-10)/40}，\quad \sigma_{ci} \leqslant 100\ \text{MPa} \tag{4-44}$$

$$E_m = \left(1 - \frac{D}{2}\right) \cdot 10^{(GSI-10)/40}，\quad \sigma_{ci} > 100\ \text{MPa} \tag{4-45}$$

图 4-10 所示为 GSI 值与单轴抗压强度和岩体弹性模量的关系，从图 4-10(a)中可以看出，当单轴抗压强度一定时，岩体弹性模量随着 GSI 值的增大而增大，且当 GSI 值小于 60 时，弹性模量增加较慢，当 GSI 值大于 60 时，弹性模量增加迅速。如当 GSI 值从 40 增加到 60 时，E_m 从约 4 GPa 增加到约 12 GPa；当 GSI 值从 60 增加到 80 时，E_m 从约 12 GPa 增加到了约 40 GPa。从图 4-10(b)中可以看出：当 GSI 值小于 60 时，单轴抗压强度对岩体弹性模量影响较小；当 GSI 值大于 70 时，

岩体弹性模量急剧增大。

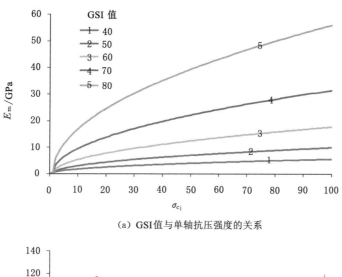

（a）GSI值与单轴抗压强度的关系

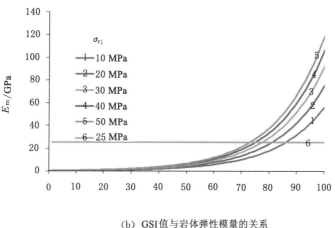

（b）GSI值与岩体弹性模量的关系

图 4-10　GSI 值与单轴抗压强度和岩体弹性模量的关系（σ_{ci}＜100 MPa）

　　由于上述公式较为复杂，计算较为困难，Hoek 和 Brown 提供了一个"岩石实验室"的辅助软件，使得岩体力学参数的计算变得简单，并且可以直接转化为相对应的莫尔-库仑准则的岩体力学参数，如图 4-11 所示，在对话框中输入 Hoek-Brown 分类参数，即可得到 Hoek-Brown 准则所需要的岩体参数和相对应的莫尔-库仑准则所需参数。

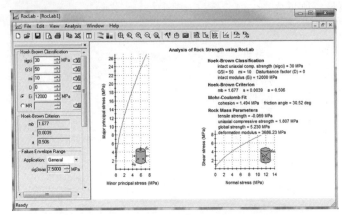

(a) 岩石度分析

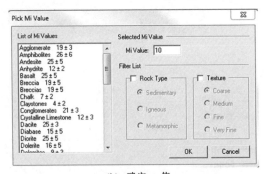

(b) 确定 m_i 值

图 4-11 岩石实验室示意图

4.3 FLAC3D 数值模拟及结果分析

4.3.1 数值模型建立与设计

FLAC3D 模型沿倾斜长 300 m,沿走向长 200 m,高 96 m;本构模型选用 Hoek-Brown 强度准则;$SZZ = 13$ MPa,$SYY = 1.02SZZ$,$SXX = 1.12SZZ$;8# 煤层作为保护层开采,范围为 30~34 m,开挖 31~34 m,共计 3 m;3# 煤层作为被保护层,煤层高度为 70~76 m。模型按照每次开挖 2 m 的速度进行,总共 1 717 500 个单元、1 840 581 个节点。利用 Fish 语言编写代码,采空区顶底板垂直应力随着工作面推进而不断变化,支架也随着工作面推进而不断前移。

FLAC3D 模型如图 4-12 所示。

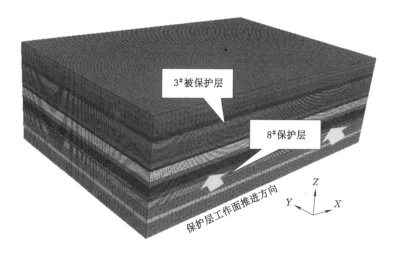

图 4-12　FLAC3D 模型

保护层工作面开采示意图如图 4-13 所示,数值模型中所用岩体力学参数见表 4-4。

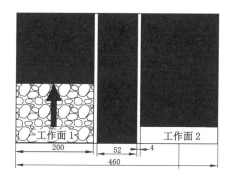

图 4-13　保护层工作面开采示意图(单位:m)

表 4-4　数值模型中使用的岩体力学参数表

岩层	ν	σ_{ci}/MPa	GSI	m_i	m_b	s	a	E_m/MPa
3#煤层	0.33	6	75	11	4.504	0.062 2	0.501	2 938.86
细粒砂岩	0.19	90	90	16	11.195	0.329 2	0.500	6 566.53
中粒砂岩	0.20	73	88	15	9.772	0.263 6	0.500	5 020.52
泥岩	0.28	16	80	12	5.874	0.108 4	0.501	3 433.36

表 4-4(续)

岩层	ν	σ_{ci}/MPa	GSI	m_i	m_b	s	a	E_m/MPa
砂岩	0.24	40.0	86	13	7.885	0.211 1	0.500	4 203.05
砂质泥岩	0.26	35.0	85	13	7.084	0.151 2	0.500	4 095.07
灰岩	0.19	75.0	90	10	6.997	0.329 2	0.500	9 682.03
8#煤层	0.29	6.4	75	11	4.504	0.062 2	0.201	3 020.50

根据前文的理论分析和计算,结合美国伊利诺伊煤矿现场实测的结果,确定 8#煤层采空区沿走向两个不同应力恢复距离[分别为 120 m(采空区 1)和 140 m(采空区 2)]时,沿倾向应力恢复距离均为 50 m。共计建立 6 个 FLAC3D 基本模型,见表 4-5,对 6 个模型运行结果进行两两比较,定量分析保护层开采过程中,采空区应力恢复距离、开采高度、煤柱宽度、相邻工作面开采等对被保护层卸压效果的影响,为合理布置保护层及被保护层瓦斯抽采钻孔,有效抽采高浓度瓦斯,消除被保护层突出危险性提供指导。

表 4-5 模型参数

模型参数	采空区应力恢复距离/m	开采高度/m	煤柱宽度/m	工作面个数
模型一	120	3	20	1
模型二	140	3	20	1
模型三	120	1	20	1
模型四	120	3	20	2
模型五	120	3	50	2
模型六	120	2	20	1

根据牛顿第三定律,随着工作面推进,采空区顶底板垂直应力大小相等、方向相反,按照采空区应力线性恢复,工作面每推进 2 m,在采空区顶底板单元节点施加垂直应力,如图 4-14 所示为 FLAC3D 模型中采空区应力分布示意图。

4.3.2 保护层开采后覆岩应力及其位移分布规律

图 4-16 所示为工作面推进不同距离时,8#煤层工作面顶板 0.1 m 处垂直应力分布曲线,从图中可以看出:采空区应力分布呈现随着支架后方从 0 开始线性增加。当工作面推进 30 m 时,垂直应力峰值约为 28 MPa,峰值位于距离工作面前方大约 4 m 位置处,垂直应力集中系数约为 2.1,支承压力影响范围约为 50 m,工作面后方采空区应力增加到 4 MPa;当工作面推进 40 m 时,工作面前

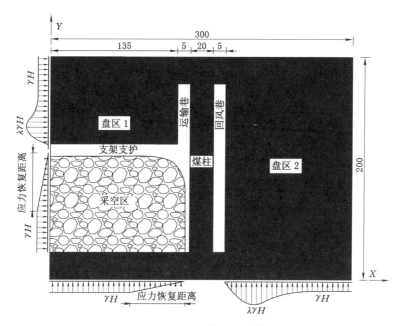

（a）FLAC3D 模型一示意图

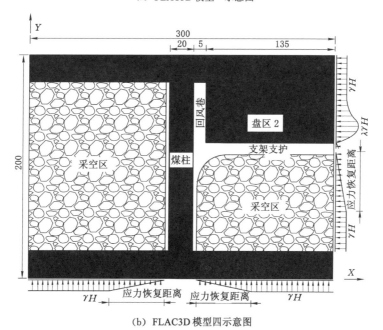

（b）FLAC3D 模型四示意图

图 4-14　FLAC3D 模型中采空区应力分布示意图（单位：m）

方垂直应力峰值约为 32 MPa,应力集中系数约为 2.4,支承压力影响范围约为 55 m,随着工作面的推进,工作面前方支承压力峰值有逐渐增大的趋势,支承压力影响范围也逐渐增大;当工作面推进到 120 m 时,其支承压力峰值有趋于稳定的趋势,表明此时采空区的垮落破碎岩体逐渐被压实,并趋于原岩应力状态,进而支承压力峰值也达到稳定。

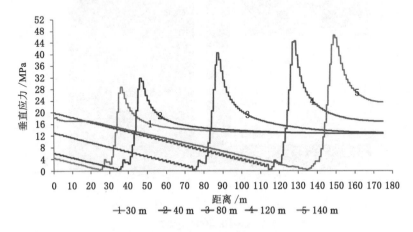

图 4-15　工作面推进不同距离垂直应力分布曲线

　　图 4-16 所示为工作面推进 120 m 时,在采空区 1 应力分布的情况下,工作面附近垂直应力集中系数曲线。从图 4-16 中可以看出:在工作面位置,应力集中系数约为 1;在工作面前方,垂直应力集中系数先增大后减小,其峰值为2.8,位于工作面前方约 6 m 处;在工作面后方,垂直应力集中系数先减小后增大,这是由于在工作面处液压支架的存在,使得其能承担顶板的部分压力,而在液压支架后方,垂直应力集中系数逐渐增加是由于随着工作面的不断推进,顶板垮落到采空区的破碎岩体逐渐被压实,能够承担顶板的部分压力。

　　工作面推进 120 m 时,对距离煤柱 115 m 和 5 m 处,沿工作面推进方向在 8# 煤层顶板布置两条测线,对顶板不同位置的垂直应力进行监测,得到顶板不同位置垂直应力变化规律。图 4-17 所示为工作面推进 120 m 时不同断面垂直应力分布曲线图,从图中可以看出:在靠近煤柱侧 5 m 处,工作面前方垂直应力峰值约为 25 MPa,压力集中系数约为 1.9,工作面后方采空区侧垂直应力呈逐渐增大的趋势,但增加缓慢,其值从工作面后方为 0 逐渐增大到 2 MPa,整体上数值相对较小;相对于距离煤柱 5 m 侧的工作面顶板垂直应力分布,距离煤柱 115 m 处垂直应力分布呈现较大不同,在工作面前方垂直应力峰值约为 38 MPa,应力集中系数约为 2.9,工作面后方采空区侧垂直应力随着工作面推进距

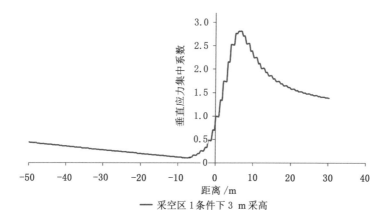

图 4-16 工作面附近垂直应力集中系数

离的增加而逐渐由趋于 0 增加到约 13 MPa,相对于距离煤柱 5 m 处,其垂直应力增加速度和最终值有明显不同,这与采空区顶板垮落有关,原因是在越靠近煤柱的地方,顶板垮落破碎岩体分布较少,仅能承受较小的顶板压力。

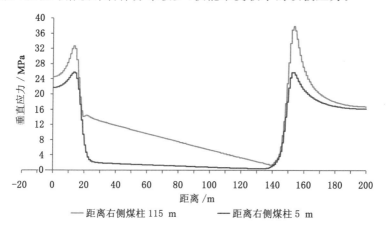

图 4-17 工作面推进 120 m 不同断面垂直应力分布曲线

当保护层 8# 煤层开采后,其顶板一定范围内的岩层应力减小,这将影响煤岩层内瓦斯的解吸和流动,因此了解下保护层开采后其顶板的应力分布规律是十分必须要的。为了研究此应力规律,在顶板内布置 7 条测线,测线起始点 (x,y,z) 分别为:$(60,0,35)$,$(60,200,35)$;$(60,0,40)$,$(60,200,40)$;$(60,0,44)$,$(60,200,44)$;$(60,0,54)$,$(60,200,54)$;$(60,0,64)$,$(60,200,64)$;$(60,0,74)$,$(60,200,74)$;$(60,0,84)$,$(60,200,84)$。图 4-18 所示为保护层开采后,距离顶板不同距离处的垂直应力分布曲线。从图 4-18 中可以看出,无论工作面前方还是工作面后方,其应力分布均有一定程度的不同,在其他部分应力有一定的重叠。

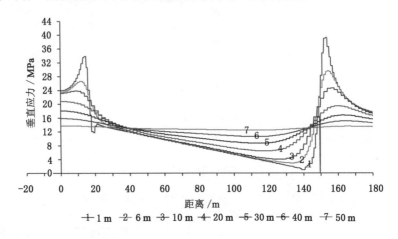

图 4-18　保护层顶板不同距离处垂直应力分布曲线

在工作面前方,随着与被保护层工作面距离的增大,垂直应力峰值(垂直应力集中系数)逐渐变小。例如:在距离被保护层 1 m 时,3# 保护层前方的垂直应力集中系数约为 3;在距离被保护层 6 m 时,垂直应力集中系数为 2.2;在距离被保护层 40 m 时,垂直应力集中系数减小为 1.2;在距离被保护层 50 m 时,保护层的开采对被保护层几乎没有影响。

在工作面后方一定范围内,采空区顶板出现了不同程度的卸压,越远离被保护层,卸压程度越小,垂直应力从最小值恢复到原岩应力的速度越快,且垂直应力的最小值越大。例如:当距离保护层 1 m 时,采空区侧顶板内最小应力约为 1 MPa,位于工作面后方 7 m 左右,并在工作面后方约 120 m 处达到原岩应力;当距离被保护层 30 m 时,最小应力约为 10 MPa,位于工作面后方 37 m 左右,并在工作面后方约 95 m 处达到原岩应力。所以在工作面推进过程中,靠近被保护层的岩体在工作面煤壁前方经历了急速的应力集中,在工作面采空区侧经历了急速应力下降,表明靠近被保护层的岩体更容易发生破坏。因此,被保护层距保护层工作面距离不同时,其卸压效果不同,在选取和设计保护层工作面时必须充分考虑这一点。

图 4-19 所示为保护层开采 100 m 时,保护层上方不同距离处三维应力分布曲线图。从图 4-19(a)、(b) 中可以看出:在距离保护层上方 8 m 和 15 m 时,SXX、SYY 和 SZZ 都减小到很小的值,SXX 和 SZZ 几乎相等,但与 SYY 差值较大;而到距离保护层上方 20 m 时,SZZ 值仍然较小,而 SXX 和 SYY 开始增

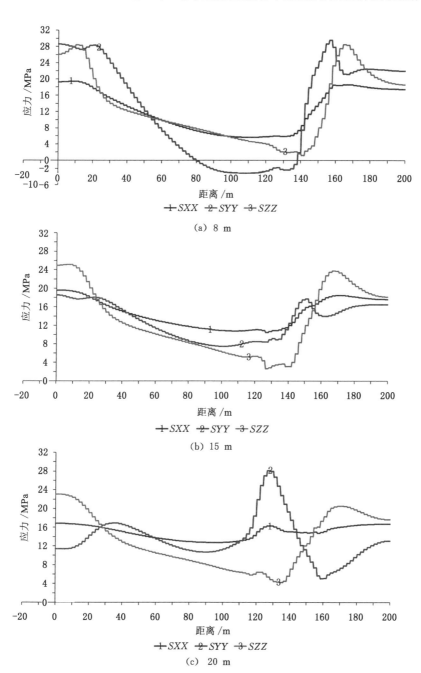

图 4-19　保护层上方不同位置处三维应力分布曲线

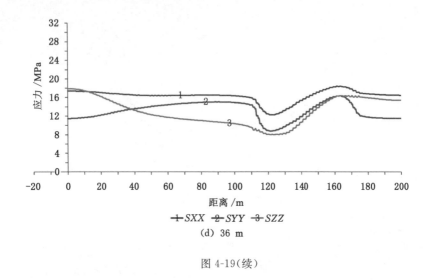

图 4-19(续)

加到接近原岩应力水平,三者差值有减小的趋势;而到距保护层上方 36 m 时,
SZZ 有一定程度的增大,但仍处于卸压范围内,但到距离工作面上方 36 m 时,
SXX 和 SYY 均处于较高的水平,SZZ 也有一定程度的增加,卸压程度减小,三
者两两差值变得更小。已有研究表明[120],较大的三维应力梯度和应力不对称
性会更容易造成煤岩体内裂隙的产生、扩展及煤岩体破坏,因此通过上述分析可
知,距离保护层工作面越近,煤岩体产生的裂隙越多,且更容易发生破坏。

在保护层工作面推进过程中,上覆岩层会向采空区运动,由于覆岩各个分
层的岩性不同,其弯曲挠度也不同,因此不同分层的弯曲下沉量也就不同。图
4-20 所示为保护层推进 140 m 时顶板不同位置垂直位移曲线,从图中可以看
出,由于开切眼和工作面煤壁的支撑作用,在工作面前方和开切眼处覆岩下沉
量较小,而在工作面后方采空区侧,覆岩下沉量较大,且最大下沉量出现在保
护层工作面后方 50 m 左右,对比顶板不同位置处覆岩下沉量,越靠近保护层
工作面,采空区覆岩下沉量越大,工作面前方和开切眼处覆岩下沉量越小,这
就为被保护层的膨胀变形创造了条件,同时覆岩由于下沉量的不同而产生离
层,这也为卸压瓦斯的流动和储存提供了空间。

图 4-21 所示为保护层工作面推进 120 m 时,距离工作面不同位置处顶板
2 m 处垂直应力曲线,从图中可以看出:整体上,沿工作面倾向采空区顶板垂直
应力从煤柱侧向采空区中部逐渐增大,并最终达到最大值,考虑到应力分布的对
称性,在整个工作面呈现近似"梯形"分布,即靠近两边煤柱侧垂直应力较小,而
靠近工作面或采空区中部,垂直应力较大,并达到稳定值。如在工作面液压支架

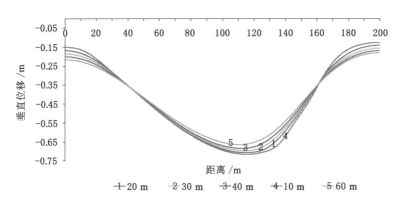

图 4-20　保护层工作面推进 140 m 时顶板不同位置垂直位移曲线

后方 10 m 处,采空区覆岩垂直应力在靠近煤柱侧时,垂直应力为 0.5 MPa;随着向采空区中部靠近,垂直应力逐渐增加,并在靠近右侧煤柱约 43 m 时达到最大值(约 2.5 MPa)。因此,在研究保护层开采后覆岩的应力和位移分布可沿工作面倾向分为两部分,一部分是靠近煤柱侧约 40 m 范围内,另一部分是从煤柱侧 40 m 到采空区的中部。

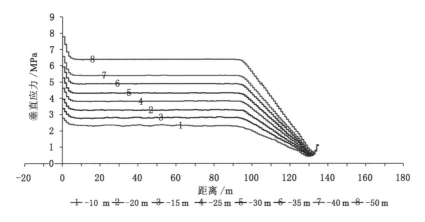

图 4-21　工作面推进 120 m 时距离工作面不同位置处顶板垂直应力曲线

保护层开采后,其覆岩关键层会在工作面推进过程中形成"砌体梁"结构,"砌体梁"结构的破断和失稳对于覆岩采动裂隙的发育和扩展具有重要影响[144]。覆岩采动裂隙一般分为两类:一类为宏观裂隙,主要包括水平离层裂隙和垂直破断裂隙;一类是微观裂隙,是由于煤岩体内的原生裂隙在卸压和增压时发生张裂和反向滑移扩展形成次生裂隙,次生裂隙进一步连通形成局部瓦斯流动通道。

保护层工作面推进一定距离时,直接顶垮落,随着工作面继续推进,基本顶达到极限跨距后发生"O-X"破断,及采空区中部的破碎岩体最先与基本顶接触,而在采空区四周的岩层由四侧煤壁支承,使覆岩形成"O"形垮落形态,采空区中央垮落破碎岩体在上覆岩层自重作用下逐渐被压实,形成压实区,如图 4-22 所示。林柏泉教授称之为"回"形圈,钱鸣高院士称之为"O"形圈。

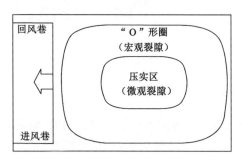

图 4-22 采空区采动裂隙平面示意图

图 4-23 所示为 8# 被保护层开采后其采空区垂直应力分布云图,从图中可以直观地看到:靠近工作面和右侧煤柱附近,采空区垂直应力均比较小,随着靠近采空区中部垂直应力逐渐增大,与前文"O"形圈理论相一致,因此在工作面煤壁附近和采空区煤柱附近,顶板产生卸压,吸附瓦斯容易解吸成游离状态,同时工作面和煤柱附近的空间成为瓦斯聚集和流动的主要通道。

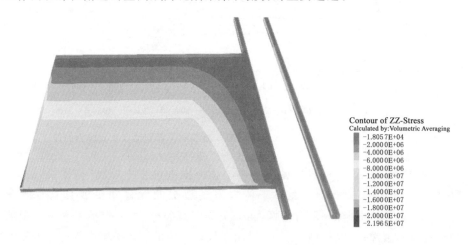

图 4-23 采空区垂直应力分布云图

图 4-24 所示为工作面推进 120 m 时,采空区沿工作面推进方向水平应力分布云图。水平应力与垂直应力分布略有不同,总体上工作面后方水平应力较小,随着远离工作面采空区水平应力逐渐增大,这是由于煤层开采后,工作面处于自由面状态,沿推进方向水平应力为 0,而随着远离工作面向采空区侧移动,垮落破碎岩石受顶板下沉挤压作用,产生一定的水平应力。

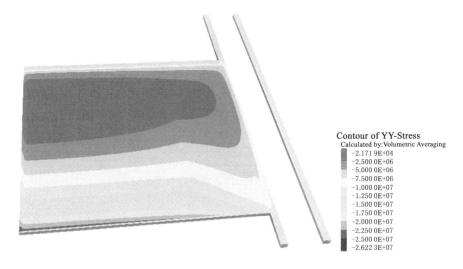

图 4-24　采空区沿工作面推进方向水平应力分布云图

工作面开采后,采空区沿工作面倾斜方向水平应力与垂直应力分布规律较为一致,从工作面侧和煤柱侧到采空区中间水平应力值逐渐增大,如图 4-25 所示。

4.3.3　保护层顶板水平分区

图 4-26 所示为工作面推进 130 m 时,沿工作面推进方向顶板垂直应力和垂直位移分布曲线对比示意图。监测线起止点坐标为(60,34,37)—(60,200,37),水平坐标 0 处即为工作面所处位置,根据保护层顶板垂直应力和垂直位移分布情况,可将顶板沿工作面推进方向分为五个区域,自工作面煤壁前方到采空区依次为原岩应力区、压缩区、膨胀区、应力恢复区、重新压实区。

(1)工作面前方原岩应力区,范围为工作面前方 40 m 范围之外,此范围内垂直应力逐渐趋于原岩应力,煤岩体几乎不受采动影响。原岩应力区可看作微、细观瓦斯通道主导区,在原岩应力作用下,原生裂隙的摩擦滑动、扩展会形成孤立结构通道或局部细观网络通道。

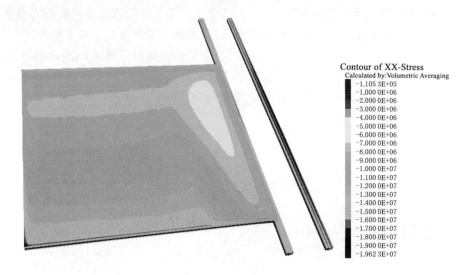

图 4-25　采空区沿工作面倾斜方向水平应力

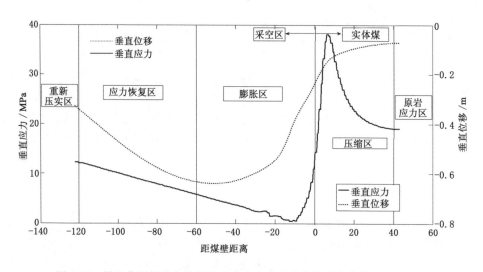

图 4-26　沿工作面推进方向顶板垂直应力和垂直位移分布曲线对比示意图

　　(2) 工作面前方 40 m 到煤壁处为支承压力影响区,又称压缩区,此区域以支承压力峰值为临界点可细分为两部分:支承压力峰值点前方部分煤岩体受较高支承压力作用,使得煤体内的原生裂隙逐渐闭合,并伴随着新裂隙的产生及扩展,瓦斯运移的宏观裂隙通道开始产生;支承压力峰值点到工作面煤壁处,采动应力对该区域内的煤体影响较明显,在高应力作用下产生的次生裂隙将各孤立裂隙贯通形成网络结构的细观、宏观通道,导致瓦斯导通性不断增强,宏观瓦斯通道处于不断发展的过程。

(3) 工作面煤壁前方卸压区到工作面后方 60 m 处为膨胀区,煤壁前方卸压区由于产生塑性破坏,降低了对上覆岩层的支撑能力,卸压作用使得煤体及上覆岩层的裂隙扩展并相互贯通成网络,渗透性大幅度提高;对于支架上方的覆岩,由于受到支架垂直向上的支撑作用,煤岩体较破碎,裂隙发育较充分,为工作面前方煤体内的瓦斯流向采空区提供了通道;在近采空区一侧,冒落的矸石和遗留的煤块仍能解吸出一定浓度的瓦斯,且矸石碎胀系数较大,渗透性较好,其上方覆岩由于宏观断裂下沉,使得垂直破断裂隙和水平离层裂隙相互贯通,裂隙发育最为充分,煤岩体渗透性大大提高,出现"卸压增流效应"。总的来说,瓦斯在膨胀区内的宏观流动通道较为成熟,构成了卸压瓦斯抽采的重点区域。

(4) 工作面后方 60~120 m 区域为应力逐渐恢复区,此区域内顶板垂直应力随着距工作面煤壁距离的增加而增加,冒落矸石将采空区充满,透气性大大降低,采空区垮落破碎岩体逐渐被压实,开始承担部分覆岩重量,采空区上方顶板岩层原先张开的裂隙逐渐压实,对于采空区四周的岩层,由于煤壁的支撑作用以及各岩层断块长度的不同,其岩层间的离层在一定程度上得以保留(后面会进一步说明)。总的来讲,此区域内瓦斯运移的宏观通道逐渐闭合,瓦斯在该区域内的运移较为困难。

(5) 重新压实区位于工作面后部,此区域内垂直应力逐渐恢复到原岩应力,顶板垂直应力、垂直位移量及采空区垮落破碎岩体的变形量趋于稳定,顶板离层裂隙及采空区破碎岩体间裂隙压实关闭,瓦斯运移的宏观通道逐渐闭合,瓦斯在该区域内运移较为困难。

4.3.4 保护层开采后被保护层卸压规律

4.3.4.1 卸压角和卸压系数定义

卸压角和卸压系数是衡量保护层开采对被保护层所起卸压效果的主要参数。由卸压角可计算出保护层对被保护层的卸压范围,卸压区域表示在此范围内煤层瓦斯突出危险得到消除。如图 4-27 所示,α 和 β 是中间保护层对上被保护层的卸压角,$\alpha = \arctan(a_1/b_1)$,$\beta = \arctan(a_2/b_2)$,当煤层倾角为 $0°$ 时,$\alpha = \beta$。卸压角越大,卸压范围越大,在设计保护层开采时,很多时候采用固定的卸压角来计算卸压范围,实际上采动围岩应力是随着工作面的推进而处于动态变化之中的,因此保护层开采卸压角也是处于动态变化之中的。

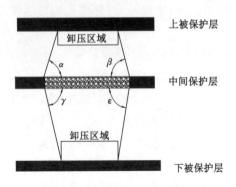

图 4-27 保护层开采示意图

卸压角可通过临界卸压应力来计算：

$$|\sigma_{zc}| \leqslant (\cos^2\theta + \lambda\sin^2\theta)\gamma H \tag{4-46}$$

式中，当煤层倾角为 0° 时，σ_{zc} 为垂直应力，θ 为煤层倾角，λ 为围压系数，γ 为覆岩容重，H 为具有突出危险性煤层（被保护层）初始埋深。根据长平煤矿地质条件，λ 取 1，$\gamma=25\,000$ N/m³，$H=470$ m，$\theta=0°$，因此 $|\sigma_x| \leqslant 11.7$ MPa，即当被保护层内垂直应力低于 11.7 MPa 时，煤体瓦斯突出危险性被消除。

保护层开采后，受采动影响其围岩应力重新分布，破坏覆岩及底板垂直应力场，被保护层弹性潜能得到释放，可通过定义卸压系数来定量反映被保护层的应力变化程度：

$$k = \frac{\sigma_0 - \sigma}{\sigma_0} \times 100\% \tag{4-47}$$

式中，k 为煤岩层卸压系数，σ_0 为原岩应力值，σ 为保护层采后煤岩层应力值。当 $k<0$ 时，表明保护层开采后，被保护层应力增大，被保护层处于增压状态；当 $k>0$ 时，表明保护层开采后，被保护层应力减小，被保护层处于卸压状态；当 $k=0$ 时，$\sigma_0=\sigma$，表明被保护层压力没有变化，被保护层的开采对保护层没有产生影响。将 11.7 MPa 代入式（4-47），得到临界卸压系数为 0.1，及卸压系数大于 0.1 时，被保护层无突出危险性。

4.3.4.2 被保护层卸压规律

8# 保护层工作面推进不同距离时，3# 被保护层内垂直应力变化和卸压效果如图 4-28 和图 4-29 所示，模型中监测线起始坐标分别为（60,0,72）和（60,200,72）。

当保护层工作面推进 30 m 时（工作面坐标为 57 m），被保护层垂直应力最小值出现在工作面后方约 18 m 处，被保护层内垂直应力曲线近似"V"形，

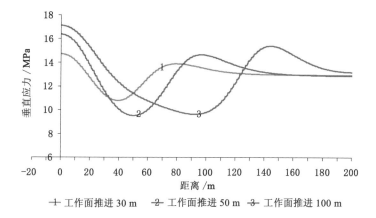

图 4-28　保护层工作面推进不同距离被保护层垂直应力变化

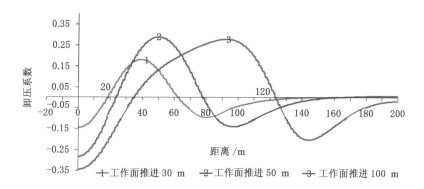

图 4-29　保护层工作面推进不同距离被保护层卸压效果

被保护层最大卸压处约位于采空区中间位置,此时被保护层内垂直应力约为 10.5 MPa,卸压系数约为 19%,卸压效果不明显,在保护层工作面前方和开切眼后方,垂直应力增大,应力峰值分别为 14.5 MPa 和 14.9 MPa,应力集中系数分别为 1.1 和 1.14。此时由于推进距离较短,保护层工作面直接顶还未垮落,保护层的卸压程度和应力集中程度均比较小,整体上对被保护层的影响较小。

　　当保护层工作面推进 50 m 时(工作面坐标为 77 m),被保护层垂直应力最小值出现在工作面后方约 27 m 处,此时被保护层内垂直应力约为 9.5 MPa,卸压系数达到了 28%,被保护层内垂直应力曲线仍近似呈"V"形分布,但开口相对于保护层工作面推进 30 m 时要大,及被保护层卸压范围增大,被保护层最大卸压处位于采空区中部偏向工作面位置,在工作面煤壁后方 10～30 m,保护层垂直应力较低,卸压系数达到了 15％以上。在保护层工作面前方和开切眼后方,被保护层内垂直应力峰值分别为 15 MPa 和 16.1 MPa,应力集中系数分别为 1.15 和 1.24,垂直应力峰值和应力集中系数相对于保护层工作面推进 30 m 时增大,这是由于保护层推进 50 m 时,基本顶垮落,部分覆岩重力转移到了工作面煤壁和开切眼处。

当保护层工作面推进 100 m(工作面坐标为 127 m)时,被保护层垂直应力最小值出现在工作面煤壁后方约 35 m 处,此时被保护层内垂直应力约为 9.8 MPa,卸压系数约为 26％,与工作面推进 50 m 时相同,被保护层内垂直应力整体上近似"U"形,被保护层最大卸压处同样位于采空区中部偏向工作面的一侧,在工作面煤壁后方 15～75 m,保护层垂直应力较低,卸压系数达到了 15％以上。在保护层内垂直应力分布并不对称,在卸压系数最大值向开切眼处,被保护层卸压程度呈缓慢减小的趋势,表明随着向采空区深部延伸,采空区垮落破碎岩体虽然逐渐被压实,对顶板的支撑作用逐渐增大,但保护层开采仍对被保护层有一定的卸压作用。在保护层煤壁前方和开切眼处,被保护层垂直应力峰值进一步增加,分别达到了 16 MPa 和 17 MPa,应力集中系数分别为 1.23 和 1.31。以卸压系数 10％计算卸压角,经过计算可得工作面处和开切眼处卸压角分别为 53.7°和 75.1°,两侧卸压范围并不对称。

综上所述,随着保护层工作面的推进,被保护层的卸压程度和卸压范围逐渐增大,伴随着直接顶和基本顶的垮落,覆岩重力向煤壁方向和开切眼转移,使得产生应力集中。随着采空区顶板不断下沉,采空区垮落破碎岩体逐渐被压实,对顶板的支撑作用也逐渐增大,从而使得在采空区中偏后区域的保护层卸压程度有一定的减小;以采空区中轴线为中线,前后并不对称,保护层最大卸压处位于偏向工作面的方向。

从上面的分析我们知道:保护层工作面开采不同距离时,被保护层的卸压范围和不同位置的卸压效果均有一定的不同。为了定量研究沿倾斜方向垂直应力和卸压系数的变化规律,选取被保护层工作面推进 100 m 时,沿推进方向距离煤柱不同位置垂直应力分布曲线和卸压系数,如图 4-30 和图 4-31 所示。在保护层内共计布置了 12 条测线,分别距离煤柱 130 m、120 m、110 m 等。从图 4-31 中可以看出,从远离煤柱 130 m 处到 30 m 处,被保护层内垂直应力逐渐降低,无论是采空区中部卸压区域还是煤壁和开切眼处增压区域,且卸压系数增大。例如:当距离煤柱 130 m 靠近工作面中轴线位置时,开切眼处和煤壁处垂直应力分别为 16.8 MPa 和 15.8 MPa,应力集中系数分别为 1.29 和 1.22,最大卸压系数约为 22%;而当距离煤柱 30 m 时开切眼处和煤壁处垂直应力分别为 15.5 MPa 和 14.2 MPa,应力集中系数分别为 1.19 和 1.09,卸压系数约为 27%;两位置保护层的最大卸压位置基本相同,只是越远离煤柱,卸压最大值越靠近煤壁。因此,沿工作面推进方向保护层任意一点均经历了压缩—卸压膨胀变形—卸压膨胀变形增大—卸压膨胀变形稳定—卸压膨胀变形减小—压缩—卸压膨胀变形稳定这几个阶段。

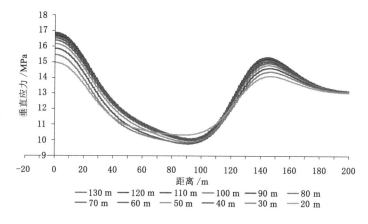

图 4-30　保护层工作面推进 100 m 时被保护层沿倾斜方向不同位置垂直应力曲线

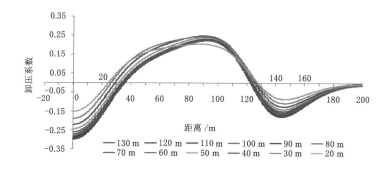

图 4-31　保护层工作面推进 100 m 时被保护层沿倾斜方向不同位置卸压系数

从图 4-32 中我们还可以得出,距离煤柱不同位置,沿煤层推进方向卸压角不同,同样以卸压系数 10% 来计算卸压角,所得结果见表 4-6。从表中可以看出:开切眼处卸压角整体上要小于工作面煤壁侧,这是由于越远离工作面而靠近采空区,采空区垮落破碎岩体逐渐被下沉顶板压实,应力逐渐恢复,卸压效果减

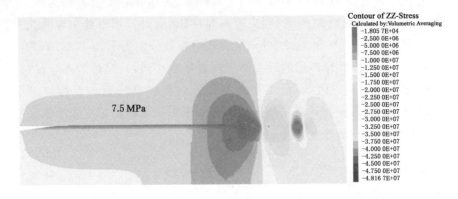

(a) −100 m

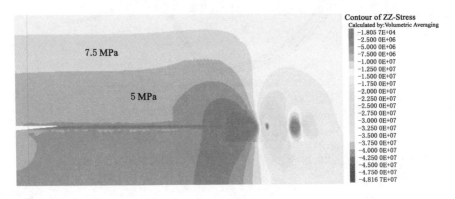

(b) −60 m

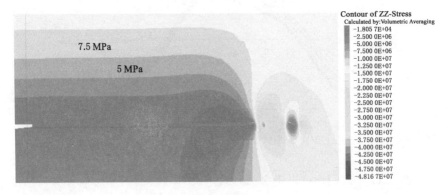

(c) −20 m

图 4-32　保护层工作面推进 120 m 时被保护层沿走向不同位置垂直应力云图

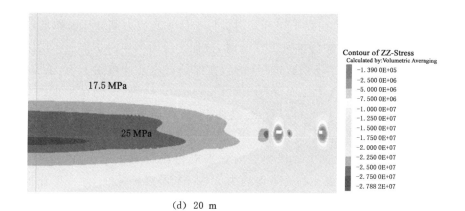

Contour of ZZ-Stress
Calculated by:Volumetric Averaging

-1.390 0E+05
-2.500 0E+06
-5.000 0E+06
-7.500 0E+06
-1.000 0E+07
-1.250 0E+07
-1.500 0E+07
-1.750 0E+07
-2.000 0E+07
-2.250 0E+07
-2.500 0E+07
-2.750 0E+07
-2.788 2E+07

(d) 20 m

图 4-32(续)

弱;开切眼侧和工作面煤壁侧卸压角随着靠近煤柱均先增大后减小,开切眼侧卸压角最大达到67°,煤壁侧保护层开采卸压角最大能达到80.8°,随着进一步靠近煤柱侧,卸压角开始减小。

表 4-6　保护层沿走向方向卸压角

位置	距煤柱/m	130	120	110	100	90	80	70	60	50	40	30	20
	坐标/m	10	20	30	40	50	60	70	80	90	100	110	120
开切眼侧卸压角/(°)		49.7	50.8	52.6	53.2	53.3	53.7	54.8	55.6	57.3	59.1	67.0	66.9
工作面煤壁侧卸压角/(°)		68.2	69.4	71.1	72.5	73.8	75.1	75.2	76.2	78.0	79.5	80.8	76.2

通过上面的分析,了解了保护层开采过程中沿走向方向距离保护层煤柱不同距离时被保护层的垂直应力和卸压角的变化规律,为了直观地看到保护层开采过程中采空区不同位置沿工作面倾向被保护层垂直应力变化规律,分别选取保护层推进 120 m 时,工作面前方 20 m,工作面后方 20 m、60 m、100 m 的垂直应力云图进行对比分析,如图 4-32 所示。从垂直应力云图中可以清楚地看到保护层工作面推进 120 m 时采空区不同位置卸压范围,工作面前方被保护层处于增压状态,随着远离工作面,工作面煤壁后方 40 m,覆岩卸压范围和卸压程度均逐渐增大,并在采空区后方 40 m 左右达到最大值,随着继续远离工作面,覆岩

卸压范围和卸压程度逐渐减小。

为了定量研究沿走向保护层开采对被保护层垂直应力和卸压系数的变化规律的影响,选取被保护层推进120 m时,被保护层沿倾向距工作面不同距离垂直应力分布曲线和卸压系数进行研究,在保护层内共计布置了10条测线,分别位于采空区侧距离工作面煤壁10 m、20 m、30 m等,监测结果如图4-33和图4-34所示。从图4-33可以看出:整体上,保护层采空区覆岩内被保护层基本都处于卸压状态,但卸压程度不同,在靠近煤柱的40 m范围内,保护层垂直应力较小,卸压程度较大。保护层内垂直应力经历了从工作面后方10 m(平均约为12.2 MPa)到40 m(平均约为10.2 MPa)逐渐减小,并在工作面后方40 m左右达到最小值,进而从工作面后方40 m到100 m(平均约为12 MPa)逐渐增大的过程。与此同时,被保护层沿走向距工作面不同位置的卸压系数也在不断变化,也经历了先增大后减小的过程,如图4-35所示。被保护层卸压系数在工作面后方10 m时平均为6%时;在工作面后方20 m时,卸压系数增大到平均约为17.5%;在工作面后方40 m时,卸压系数达到峰值,平均值约为22.5%;随着继续远离工作面,卸压系数开始变小,从工作面后方50 m的20%降低到工作面后方100 m时的2.6%。

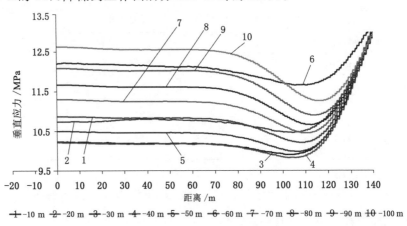

图4-33　保护层工作面推进120 m时被保护层沿走向不同位置垂直应力曲线

为了进一步确定距采煤工作面不同距离时保护层开采对被保护层的卸压系数,同样以卸压系数10%及以上来计算卸压角,由于采空区后方10 m、90 m和100 m卸压系数较小,不足10%,因此不在计算之列,其余距离的卸压角计算结果见表4-7。从表4-7中可以看出,随着保护层工作面的开采,采空区不同位置

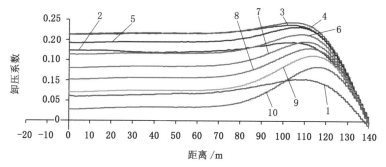

图 4-34 保护层工作面推进 120 m 时被保护层沿走向不同位置卸压效果

卸压角在 73.4°～78.0°之间变化,卸压角在采空区 40 m 范围内增加迅速,从 73.4°增加到 78.0°,并在 40 m 处达到最大值,然后从这个点向后卸压角逐渐减小,在采空区后方 80 m 时,卸压角为 74.2°。

表 4-7 保护层沿倾向卸压角

位置	距煤壁/m	−20	−30	−40	−50	−60	−70	−80
	坐标/m	127	117	107	97	87	77	67
煤柱侧卸压角/(°)		73.4	75.1	78.0	76.2	75.6	74.9	74.2

4.3.5 影响保护层开采效果因素

影响保护层开采效果的因素有很多,如保护层开采方法、埋深、工作面推进速度(可通过相似模拟试验来实现)、保护层煤层采高、层间岩性、保护层煤柱宽度、保护层采空区应力恢复距离等。忽略各影响因素之间的相互作用,在原有基本模型的基础上研究各因素对被保护层卸压效果的影响。

4.3.5.1 采空区应力分布

为了得到采空区应力分布对于保护层覆岩运移规律的影响及对被保护层的卸压效果,对模型一和模型二的模拟结果进行对比分析。

图 4-35 为保护层工作面推进 120 m 时不同采空区条件下工作面附近顶板下沉量,监测线起止点坐标为(60,0,36)—(60,200,36),共计 500 个点。从图 4-36 中可知:对于采空区,在工作面煤壁处顶板下沉量约为 0.2 m,由于煤壁的支撑作用,煤壁前方顶板下沉量较煤壁处小,在工作面前方 30 m 处,顶

板下沉量仅约为0.05 m,在工作面后方顶板垂直下沉量逐渐增大,在工作面后方30 m处,顶板下沉量约为0.36 m;相对于采空区1,在采空区2条件下工作面附近顶板下沉量增大,且从工作面煤壁前方到工作面煤壁后方下沉量之差逐渐增大,在工作面前方30 m处两者之差仅约为0.02 m,相对增加了约40%,到工作面后方50 m处时,顶板下沉量达到约0.59 m,两者之差增大到0.23 m,相对增加了约64%。

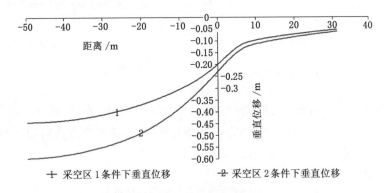

图 4-35　不同采空区条件下工作面附近顶板下沉量

图4-36为保护层工作面推进120 m时,不同采空区条件下被保护层垂直位移量,监测线起止点坐标为(60,0,72)—(60,200,72),共计500个点。从图4-37中可以看出:采空区2条件下的被保护层下沉量较采空区1条件下要大,且越靠近采空区中部,其绝对增加量越大,如在开切眼煤壁处两者位移之差为0.07 m,增大了约44%,在靠近采空区中部时,两者位移之差达到了约0.15 m,增大了约38%,相对增加量较开切眼处有所减小。

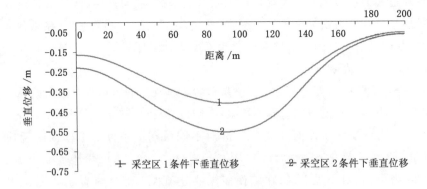

图 4-36　保护层工作面推进 120 m 时不同采空区条件下被保护层垂直位移量

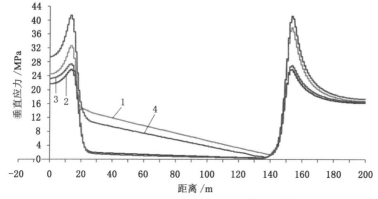

1：—采空区 1 条件下距右侧煤柱 115 m 2：—采空区 1 条件下距右侧煤柱 5 m
3：—采空区 2 条件下距右侧煤柱 5 m   4：—采空区 2 条件下距右侧煤柱 115 m

图 4-37 保护层工作面推进 120 m 不同采空区条件下顶板距煤柱不同位置处
垂直应力分布曲线

通过上述对保护层工作面推进 120 m 时,其工作面顶板和被保护层在不同采空区下的位移量进行比较可知,采空区应力恢复距离增大会使得保护层工作面顶板下沉量增大,同时被保护层的位移量也相应增大。

在上面小节分析了保护层开采过程中,沿工作面推进方向距离煤柱不同距离时顶板的垂直应力分布规律,了解到越靠近煤柱垂直应力越小。图 4-38 所示为保护层工作面推进 120 m 不同采空区条件下顶板距煤柱不同位置处垂直应力分布曲线,两种采空区条件下监测线起止点坐标分别为(20,0,36)—(20,200,36)和(130,0,36)—(130,200,36),距离右侧煤柱分别为 115 m 和 5 m。从图 4-37 中可以看出:在距离煤柱相同位置,采空区 2 条件下采空区顶板的垂直应力小于采空区 1,而在开切眼煤壁侧和工作面煤壁侧,采空区 2 条件下的垂直应力要大于采空区 1,这是由于采空区 1 的应力恢复距离长,能够承担的覆岩应力少,因此转移到开切眼煤壁和工作面煤壁的覆岩重力相对较大。

为了更加确切地知道不同采空区条件下对煤壁处应力集中系数的影响,对两种采空区条件下工作面推进 120 m 时工作面附近的垂直应力进行监测,监测线起止点坐标为(60,0,36)—(60,200,36),得到垂直应力集中系数分布曲线。图 4-38 所示为保护层采高为 3 m、工作面推进 120 m 时两种采空区条件下保护层顶板 2 m 处垂直应力集中系数曲线,从图中可以看出:两种采空区条件下,应力峰值均位于煤壁前方约 7 m 处,且在工作面后方 7 m 处(液压支架范围内)至工作面前方约 4 m 处,垂直应力集中系数基本相等;但是在两种采空区条件下,煤壁前方的支承压力集中系数和影响范围不同,采空区 2 条件下的支承压力集中系数约为 3.1,而采空区 1 条件下的支承压力集中系数约为 2.8,采空区 2 条件下的支承压力影响范围大于采空区 1,这是由于在采空区 2 条件下,采空区应力恢复较慢,需要煤壁承担更多的覆岩重量。

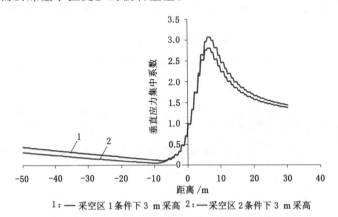

1:—— 采空区 1 条件下 3 m 采高 2:—— 采空区 2 条件下 3 m 采高

图 4-38　保护层工作面推进 120 m 时不同采空区条件下工作面附近垂直应力分布曲线

图 4-39 为保护层工作面推进 120 m 时不同采空区条件下被保护层垂直应力分布曲线,监测线起止点坐标为(60,0,72)——(60,200,72)。从图 4-40 中可以看出:在工作面采空区位置处采空区 2 的垂直应力要小于采空区 1,表明在采空区 2 条件下,保护层推进 120 m 时,被保护层卸压程度更高。

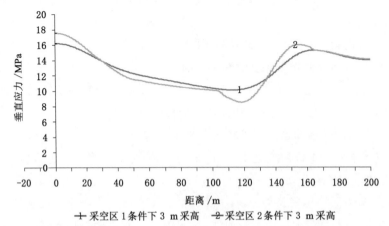

—— 采空区 1 条件下 3 m 采高 —— 采空区 2 条件下 3 m 采高

图 4-39　保护层工作面推进 120 m 时不同采空区条件下被保护层垂直应力分布曲线

　　图 4-40 所示为保护层 3 m 采高时,在采空区 1 和采空区 2 两种采空区条件下,保护层推进不同距离时,被保护层卸压系数变化曲线,保护层开切眼位于横轴 20 m 处。

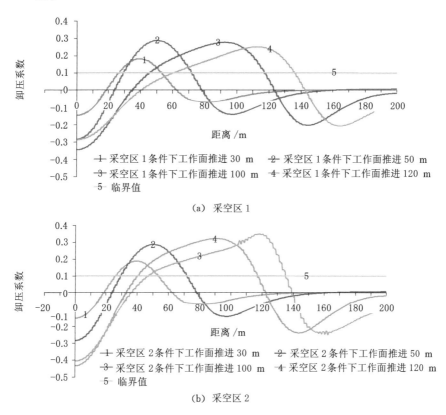

(a)　采空区 1

(b)　采空区 2

图 4-40　保护层推进不同距离时不同采空区条件下被保护层卸压效果

　　从图 4-40 中可以看出:整体上,在两种采空区条件下,被保护层卸压系数展现出相同的变化趋势,即在开切眼后方和工作面前方被保护几乎处于增压状态,且卸压系数随着工作面的推进先增大后减小,最后趋于稳定;在采空区 1 条件下,卸压系数最大值从推进 30 m 时的 0.19 增大到 50 m 时的 0.3,最后稳定在 0.26左右。但在不同采空区条件下的卸压程度和卸压范围上又有所不同,在工作面推进到 50 m 时,两种采空区条件下被保护层卸压系数基本相等,表明此时采空区应力恢复对被保护层的卸压效果影响还没有表现出来;当工作面推进到 100 m 时,两种采空区条件下被保护层的卸压程度和卸压范围不同开始展示出来,采空区 1 条件下卸压系数最大值约为 0.28,位于工作面后方约 34 m 处,卸压范围约为 74 m,而在采空区 2 条件下这三个值分别约为 0.33、37 m、79 m,分别增加了约 17.9%、8.8% 和 6.8%;随着工作面的进一步推进,差距进一步增大。

卸压角是衡量保护层开采对被保护层卸压效果和卸压范围影响的重要参数,表 4-8 为保护层工作面推进不同距离时不同采空区条件下沿走向卸压角变化。从表 4-41 中可以看出:整体上,煤壁处卸压角要大于开切眼处,这是由于工作面后方采空区有垮落破碎岩体支撑顶板,而在工作面处仅有液压支架支撑顶板,覆岩重量转移到煤壁处,从而顶板卸压相对更充分。在开切眼处,卸压角随着工作面的推进逐渐减小,从推进 30 m 时的 82.0° 降低到推进 120 m 时的 41.3°(采空区 1)和 55.2°(采空区 2),且推进到一定距离后,开切眼处卸压角在两种采空区条件下开始不同,如推进 100 m 时,采空区 1 条件下的卸压角(55.2°)要小于采空区 2 条件下的卸压角(61.0°),这是由于随着作面的推进,顶板垮落岩体逐渐被压实,应力逐渐恢复,使得被保护层卸压效果减弱;而在工作面煤壁处,卸压角经历了先减小后趋于稳定的过程,从推进 30 m 时的 82.0° 减小到推进 100 m 时的 76.0°,在工作面推进到 100 m 时稳定在 76.0°,且两种采空区条件下煤壁处卸压角基本相等。

表 4-8　保护层工作面推进不同距离时不同采空区条件下沿走向卸压角

推进距离/m	30		50		100		120	
采空区	1	2	1	2	1	2	1	2
开切眼侧卸压角/(°)	82.0	82.0	74.5	74.5	55.2	61.0	41.3	55.2
煤壁侧卸压角/(°)	82.0	82.0	80.6	80.6	76.0	76.0	76.0	76.0

图 4-41 所示为不同采空区条件下工作面后方沿倾向垂直应力云图,从图中可以看出:在工作面煤壁后方 10 m 时,垂直应力云图几乎相同,如图 4-41(a)所示;在工作面煤壁后方 20 m 时,采空区 2 条件下 7.5 MPa 和 10 MPa 的应力范围相对采空区 1 要大些,如图 4-41(b)所示;在工作面煤壁后方 30 m 时,5~10 MPa 的应力范围相差不大,但在 2.5 MPa 以内的应力范围,采空区 2 条件下大于采空区 1,如图 4-41(c)所示。综合图 4-40 和图 4-41,在工作面煤壁后方 20 m 范围内,两种采空区条件下被保护层卸压效果相差不大,但 20 m 范围外,随着远离工作面煤壁,采空区 2 条件下的被保护层卸压效果优于采空区 1。

综合上述分析可知,不同采空区应力恢复距离对于煤壁侧卸压范围影响不大,但对于开切眼侧采空区覆岩卸压范围,采空区应力恢复距离越大,采空区覆

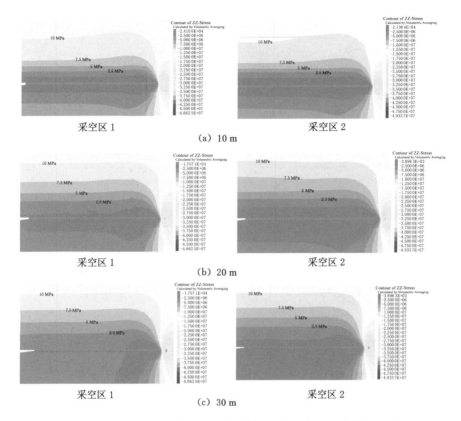

图 4-41　不同采空区条件下工作面煤壁后方沿倾向垂直应力云图

岩卸压范围越大,卸压效果越好。

4.3.5.2　煤层采高的影响

为了定量分析保护层采高对覆岩应力演化规律的影响,对模型一和模型三内保护层顶板垂直应力变化进行监测,图 4-42 所示为保护层工作面不同采高下不同采空区条件下推进不同距离时被保护层顶板垂直应力分布曲线,监测线起止点坐标为(60,0,36)—(60,200,36)。从图 4-42(a)中可以看出:当保护层工作面推进 60 m,采高为 1 m 时,工作面前方垂直应力峰值位于煤壁前方约 5 m 处,应力峰值约为31 MPa,应力集中系数为 2.38,采高为 3 m 时,垂直应力峰值为 33 MPa,应力集中系数为 2.54,位于煤壁前方约 7 m 处;当保护层工作面继续推进到 70 m 时,如图 4-42(b)所示,不同采高情况下,煤壁前方垂直支承压力表现出了相同的规律。这表明保护层采高加大,煤壁前方支承压力峰值变大,且支承压力峰值位置前移,对前方煤体的破坏范围加大。

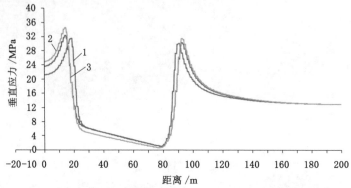

1：——采空区 1 条件下 1 m 采高　2：——采空区 1 条件下 3 m 采高　3：——采空区 2 条件下 3 m 采高

(a)

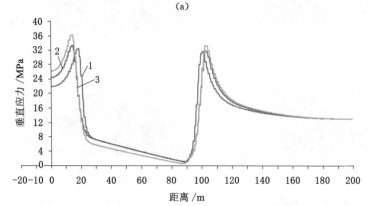

1：——采空区 1 条件下 1 m 采高　2：——采空区 1 条件下 3 m 采高　3：——采空区 2 条件下 3 m 采高

(b)

图 4-42　保护层工作面不同采高不同采空区条件下推进不同距离时
被保护层顶板垂直应力分布曲线

图 4-43 所示为采空区 1 条件下不同采高工作面顶板垂直应力集中系数，从图中可以看出：在煤壁后方顶板垂直应力集中系数基本相等，而在煤壁前方随着采高的增大，1 m、2 m、3 m 采高时支承压力集中系数分别为 3.0、2.7、2.8，支承压力峰值分别位于煤壁前方约 4 m、6 m、8 m 处，支承压力峰值逐渐增大，且支承压力范围变大。通过上述分析可知，煤层采高与煤壁前方支承压力峰值呈负相关，这是由于煤层的刚度随煤层采高的增大而减小，煤层在水平和垂直方向的变形量增大，在煤壁附近出现较大的变形，甚至发生煤壁片帮，使煤体发生屈服和卸压，支承压力峰值减小，并且支承压力峰值位置向煤壁前方移动，也就是说，

煤层越薄,其相对刚度越大,可以承受更大的重量。

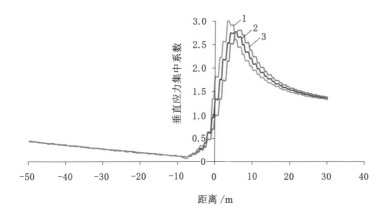

1:——采空区 1 条件下 1 m 采高　2:——采空区 1 条件下 2 m 采高　3:——采空区 1 条件下 3 m 采高

图 4-43　采空区 1 条件下不同采高工作面顶板垂直应力集中系数

　　图 4-44 所示为保护层工作面采高为 1 m 和 3 m,在采空区 1 条件下工作面推进不同距离时被保护层卸压系数变化曲线,监测线起止点坐标为(60,0,72)—(60,200,72)。当工作面推进 30 m 时,采空区上方被保护层的卸压系数和卸压范围相差不大,1 m 采高和 3 m 采高情况下被保护层的卸压系数最大值分别为 0.12 和 0.14,3 m 采高较 1 m 采高增加了约 17%,且均位于工作面后方约 17 m 处;当工作面推进 50 m 时,卸压系数最大值分别为 0.21 和 0.28,3 m 采高较 1 m 采高增加了约 33%;当工作面推进到 70 m 时,卸压系数分别为 0.23 和 0.24,两者相差不大;当工作面推进到 120 m 时,1 m 采高和 3 m 采高的卸压系数最大值都接近 0.23。以上分析表明,保护层采高对被保护层卸压范围和程度的影响主要体现在开采初期,当工作面推进到一定距离时,采高的影响变弱。

　　为进一步定量确定采高对被保护层卸压范围的影响规律,得到了保护层在采空区 1 条件下推进不同距离时开切眼和工作面煤壁处的卸压角(表 4-9)。从表 4-9 中可以看出:随着工作面的推进,两种采高条件下卸压角均呈减小的趋势,在开切眼侧,3 m 采高时卸压角从推进 30 m 时 82.0°减小到 120 m 时的 41.3°,且 3 m 采高情况下的卸压角要稍大于 1 m 采高,且差距逐渐缩小,直到推进 120 m 时,两种采高条件下卸压角相等;在工作面煤壁侧,随着工作面推进,3 m 采高时的卸压角始终大于 1 m 采高。

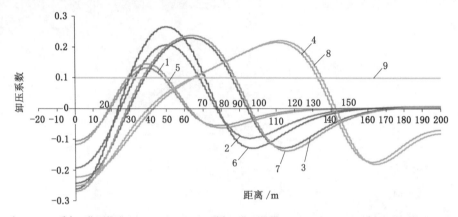

1：—1 m采高工作面推进30 m 2：—1 m采高工作面推进50 m 3：—1 m采高工作面推进70 m
4：—1 m采高工作面推进120 m 5：—3 m采高工作面推进30 m 6：—3 m采高工作面推进50 m
7：—3 m采高工作面推进70 m 8：—3 m采高工作面推进120 m 9：—临界值

图 4-44　保护层工作面不同采高条件下推进不同距离时被保护层卸压系数变化曲线

表 4-9　采空区 1 条件下推进不同距离时开切眼和工作面煤壁处的卸压角

推进距离/m	30		50		70		120	
采高/m	3	1	3	1	3	1	3	1
开切眼侧卸压角/(°)	82.0	74.5	74.5	71.6	64.7	63.5	41.3	41.3
煤壁侧卸压角/(°)	82.0	77.5	80.6	76.0	77.5	74.5	76.0	68.1

综合分析和计算不同采高和不同采空区应力恢复距离四个模型的结果,得到了保护层推进不同距离时被保护层沿推进方向卸压范围,见表 4-10。

表 4-10　被保护层卸压范围

推进距离/m	30		50		70		100		120	
采高/m	3	1	3	1	3	1	3	1	3	1
采空区 1 卸压范围/m	27	19	41	36	52	49	73	*	77	72
采空区 2 卸压范围/m	27	*	41	*	*	*	78	*	93	*

4.3.5.3　层间岩性的影响

近距离煤层群层间岩性是影响保护层开采效果的又一因素,起主要作用的岩石物理力学参数包括岩体的泊松比、容重、黏聚力、弹性模量等。一般认为:中间岩层越软弱,下保护层开采后对其顶板的扰动和破坏范围越大,保护层开采的影响范围和卸压效果越好;中间岩层越坚硬,下保护层开采后对其顶板的扰动和破坏范围越小,保护层开采的影响范围和卸压效果越差。基于模型一,采用层间具有代表性的砂质泥岩、细粒砂岩、灰岩三种岩石类型来分析层间岩性对下保护层开采卸压效果的影响规律。用于模型中的三类岩石岩体力学参数:抗压强度,细粒砂岩>灰岩>砂质泥岩;泊松比,砂质泥岩>细粒砂岩=灰岩;弹性模量,灰岩>细粒砂岩>砂质泥岩。

图 4-45 所示为下保护层工作面推进不同距离时上被保护层卸压系数分布曲线,从图中可以看出:对于不同类型的中间岩层,下保护层开采后对上被保护层产生的卸压效果不同,对于参与比较的三类岩体,下保护层推进过程中对上被保护层卸压系数的影响展现出了一定的规律,即砂质泥岩>细粒砂岩>灰岩。

4.3.5.4　相邻工作面开采的影响

将模型一和模型四模拟结果进行分析处理,图 4-46 所示为右盘区开挖前后被保护层垂直应力集中系数变化曲线,监测线起止点坐标为(0,127,71)—(300,127,71)。图中四条曲线所示分别为:左盘区(盘区 A)完全开挖而右盘区(盘区 B)未开采;右盘区推进 50 m;右盘区推进 100 m;右盘区推进 150 m。从图中整体可以看出:右盘区的开采对左盘区被保护层内应力的影响主要体现在煤柱附近,远离煤柱时影响较小,且随着右盘区的不断推进,煤柱所对应的被保护层垂直应力集中系数不断增大,而煤柱左侧约 20 m 范围内被保护层的垂直应力集中系数减小,卸压程度增大。当右盘区推进 50 m 时,此时监测线位于远离工作面前方,右盘区对应被保护层垂直应力集中系数约为 1,表明右盘区在此推进距离下对其前方 50 m 处的上被保护层几乎无影响;当右盘区推进 150 m 时,此时监测线位于工作面后上方,此时煤柱上方被保护层垂直应力集中系数进一步增大,右盘区上方被保护层卸压。通过上述分析可知,右盘区对于左盘区对应上被保护层的影响主要受相邻工作面间煤柱影响,因此下面将对煤柱宽度对上被保护层卸压效果的影响进行深入分析。

4.3.5.5　各影响因素卸压效果敏感度

上文逐一分析了采高、采空区应力恢复距离、相邻工作面开采、层间岩性等因素对被保护层卸压效果的影响,下面将选取采高、煤层埋深、层间岩性三个主控因素来进行进一步研究。结合长平煤矿 8# 煤层的采高范围、埋深范围及层间岩性分布特征,确定这三个影响因素的水平取值(表 4-11)。

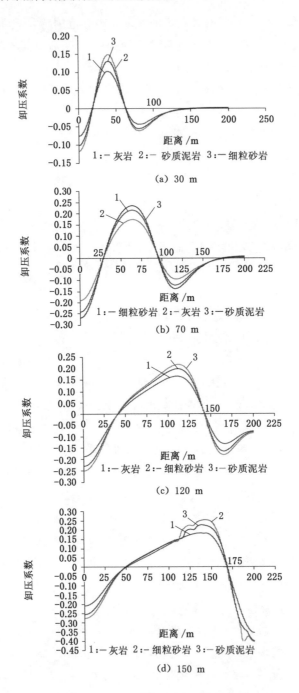

图 4-45　不同层间岩性下保护层工作面推进不同距离时被保护层卸压系数分布曲线

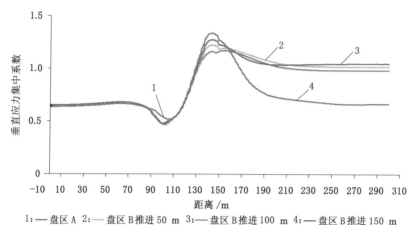

1：——盘区 A　2：——盘区 B 推进 50 m　3：——盘区 B 推进 100 m　4：——盘区 B 推进 150 m

图 4-46　右盘区开挖前后被保护层垂直应力集中系数变化曲线

表 4-11　影响因素水平值的选取

影响因素	水平 1	水平 2	水平 3
采高/m	1	2	3
煤层埋深/m	400	600	800
层间岩性	砂质泥岩	细粒砂岩	灰岩

　　为了研究采高、煤层埋深、层间岩性对保护层卸压效果影响的敏感度，如果按照三因素三水平在原有模型基础上逐个建立新的数值模型，工作量较大且数据处理烦琐，故采用正交试验设计方法，通过建立正交试验表来确定模拟方案，可以极大地减少工作量。在考虑三因素对卸压效果影响的敏感度时，不考虑三因素之间两两因素的相互作用，选择三水平三因素正交表设计模拟方案，共需建立九个数值模型进行试验。试验方案按照正交表 $L_9(3^3)$ 建立。根据表 4-11 建立九个数值模型，模拟方案及结果分析见表 4-12。

表 4-12　模拟方案及结果分析

影响因素	采高/m	埋深/m	岩性	实验结果
试验 1	1	400	砂质泥岩	0.200 591
试验 2	1	600	细粒砂岩	0.210 387
试验 3	1	800	灰岩	0.210 371

表 4-12(续)

影响因素	采高/m	埋深/m	岩性	实验结果
试验 4	2	400	细粒砂岩	0.182 798
试验 5	2	600	灰岩	0.182 773
试验 6	2	800	砂质泥岩	0.284 135
试验 7	3	400	灰岩	0.149 414
试验 8	3	600	砂质泥岩	0.253 593
试验 9	3	800	细粒砂岩	0.260 620

F 值用于反映各因素对试验结果的影响程度,为各影响因素的均偏差平方和与误差平均偏差平方和之比。表 4-13 为通过计算得到的方差分析,从表中可以看出:因素主次顺序为煤层埋深—层间岩性—采高,即三个因素对被保护层卸压效果的敏感度主次顺序为煤层埋深>层间岩性>采高。

表 4-13　方差分析

影响因素	偏差平方和	自由度	F 比	F 临界值
采高	0.000	2	0.000	5.140
煤层埋深	0.008	2	1.714	5.140
层间岩性	0.006	2	1.286	5.140
误差	0.010	6		

4.4　本章小结

本章探讨了基于 GSI 的煤矿岩体力学参数的确定,在研究长壁工作面采空区应力分布的基础上,通过 fish 语言,将采空区应力分布拟合到 FLAC3D 数值模拟软件中,得到下保护层工作面推进过程中,煤层群层间围岩应力场和位移场空间分布特征,分析了上被保护层空间卸压效果。本章主要得到了以下结论:

(1) 采空区应力恢复距离与采高、垮落岩体碎胀系数、煤层埋深呈正相关,与采空区顶板岩性呈负相关,与煤层埋深呈非线性关系;采高增大主要影响垮落破碎岩体碎胀系数,其对采空区应力恢复距离的影响较顶板岩性小。

(2) 得到了下煤层开采后覆岩空间应力及其位移分布规律,根据下煤层保护层顶板垂直应力和垂直位移分布情况,将顶板沿工作面推进方向分为五个区域,自工作面煤壁前方到采空区依次为原岩应力区、压缩区、膨胀区、应力恢复区、重新压实区,分析了各区域内瓦斯通道的形成和发育特点。

(3) 采空区顶板垂直位移量规律。沿工作面推进方向,在工作面前方和开切眼处覆岩下沉量较小,而在工作面后方采空区侧,覆岩下沉量较大,对比顶板不同位置处覆岩下沉量,越靠近保护层工作面,采空区覆岩下沉量越大,沿采空区倾斜方向,顶板位移量从煤柱侧到采空区中部呈现逐渐增大的趋势,并在中部达到最大值。

(4) 下保护层顶板不同位置不同高度的应力分布均不同,距离下保护层越远,垂直应力较原岩应力减小量越小,其三维应力两两之间差值越来越小,较大的三维应力梯度和应力不对称性更容易造成煤岩体内裂隙的产生、扩展及煤岩体破坏,距离保护层工作面越近,煤岩体产生的裂隙越多,且越容易发生破坏。

(5) 得到了下保护层推进过程中,借助卸压系数和卸压角衡量的上被保护层空间卸压效果规律。随着保护层工作面的推进,被保护层的卸压程度和卸压范围逐渐增大,以采空区中轴线为中线,前后并不对称,保护层最大卸压处位于偏向工作面的方向。距离煤柱不同位置,沿煤层推进方向卸压角不同,开切眼侧和煤壁侧卸压角随着靠近煤柱均先增大后减小;距离工作面煤壁不同位置,采空区沿煤层倾向卸压角不同,煤柱侧卸压角随着远离工作面先增大后减小。

(6) 研究了采空区区应力恢复距离、煤层采高、相邻工作面开采对上被保护层卸压效果的影响,得到了保护层推进不同距离时被保护层沿推进方向卸压范围。对采高、煤层埋深、层间岩性这三个影响因素对被保护层卸压效果的影响做了敏感性分析,表明三个因素对被保护层卸压效果的敏感度主次顺序为煤层埋深＞层间岩性＞采高。

第 5 章　下保护层开采层间裂隙演化及卸压相似模拟研究

上一章通过数值模拟手段分析了下保护层开采过程中，覆岩及上被保护层应力场和位移场变化规律，得到了不同开采条件对上被保护层卸压效果的影响。本章将通过建立实验室相似模拟试验平台，分别研究下保护层开采和上被保护层开采过程中层间基本顶垮落破断规律及裂隙空间分布特点，进一步验证前面章节所得到的结论。

5.1　相似模拟试验原理

通过模拟现场开采环境能够较为直观地再现煤层开采过程中的各种矿压现象，如顶板来压现象、覆岩位移变化特征、覆岩裂隙演化等，能够为理论研究和实际生产提供一定的指导意义[145-146]。

相似材料模拟的实质是用与原型（岩体、大坝或其他人工结构）力学性质相似的材料（符合相似原理）按几何相似常数缩制成模型，然后在模型的基础上开挖各类工程，根据相似理论，欲使模型与实体原型相似，必须满足各对应量成一定比例关系及各对应量所组成的数学物理方程相同。该方法在煤矿开采方面的应用时，要保证模型与实体原型在三个方面上相似[146-148]。

（1）几何相似。要求模型与实体原型几何形状相似，为此满足长度比为常数，即：

$$\alpha_l = \frac{x_m}{x_p} = \frac{y_m}{y_p} = \frac{z_m}{z_p} = \frac{1}{100} = 0.01 \tag{5-1}$$

式中　x_m, y_m, z_m——模型沿 x、y、z 方向上的几何尺寸；

　　　　x_p, y_p, z_p——原型沿 x、y、z 方向上的几何尺寸。

以下的角标 m、p 意义与此处相同。

（2）运动相似。要求模型与实体原型所有对应的运动情况相似，即要求各对应点的速度、加速度、运动时间等都成一定比例。因此，要求时间比为常

数,即:

$$\alpha_t = \frac{t_m}{t_p} = \sqrt{\alpha_l} = \frac{1}{10} \qquad (5-2)$$

式中　t_m——模型开采时间;

　　　t_p——原型开采时间。

取 $\alpha_t = \frac{1}{12}$,即模型每两小时为现场的一昼夜。

（3）动力相似。要求模型和实体原型的所有作用力相似。

矿山压力要求容重比为常数,通常模型的容重在 $1.4 \times 10^4 \sim 1.6 \times 10^4$ N/m³ 之间为好,否则很难将材料压缩到指定体积内,根据长平煤矿工作面地质条件,综合考虑确定容重比:

$$\alpha_\gamma = \frac{\gamma_m}{\gamma_p} = 0.6 \qquad (5-3)$$

式中　γ_m——模型的容重;

　　　γ_p——原型的容重。

在重力和内部应力的作用下,岩石的变形和破坏过程中的主导相似准则为:

$$\frac{\sigma_m}{\gamma_m L_m} = \frac{\sigma_p}{\gamma_p L_p} \qquad (5-4)$$

故模型的应力及强度比为:

$$\sigma_m = \sigma_p \alpha_l \alpha_\gamma \qquad (5-5)$$

式中　σ_m——模型岩石的强度（抗压、抗拉、抗剪）;

　　　σ_p——原型岩石的强度（抗压、抗拉、抗剪）。

模型外载比:

$$p_m = \alpha_\gamma \alpha_l^3 p_p \qquad (5-6)$$

5.2　相似模拟试验设计

5.2.1　模型铺设

根据长平煤矿工作面工程背景及相似模拟试验原理,确定相似模拟参数、模型尺寸大小,模拟几何相似模拟参数 α_l 选 0.01,容重相似常数 α_γ 取 0.6,时间相似常数 α_t 取 1/12,根据各分层厚度确定合理分层数;试验选取 2.5 m×1.5 m× 0.4 m 矿压相似模拟实验平台,根据已有的煤层以及不同顶底板岩层强度参数和相关公式计算得各煤岩层相似材料力学参数,并以抗压强度为主导指标选择材料配比,见表 5-1。模型主要用料为水、石膏、石灰和细河砂,按比例混合后搅拌,如图 5-1 所示,铺设时保证平稳均匀,每层之间加云母粉使模型层理分明,如图 5-2 所示,模型累计高度为 140.4 cm,共计 62 个分层。

表 5-1　模型主要力学参数与材料配比

岩层名称	总厚 /cm	分层厚 /cm	分层数	原型		模型		配比号 (砂∶灰∶膏)
				容重 /(N/m³)	抗压强度 /MPa	容重 /(N/m³)	抗压强度 /MPa	
石灰岩	7.5	2.5	3	2.670×10^4	95.0	$1.602\ 0 \times 10^4$	0.570 0	855
粉砂岩	11.5	2.3	5	2.610×10^4	76.8	$1.566\ 0 \times 10^4$	0.460 8	855
石灰岩	3.0	3.0	1	2.670×10^4	95.0	$1.602\ 0 \times 10^4$	0.570 0	855
粉砂岩	11.5	2.3	5	2.610×10^4	76.8	$1.566\ 0 \times 10^4$	0.460 8	855
泥岩	4.0	2.0	2	2.577×10^4	20.6	$1.546\ 2 \times 10^4$	0.123 6	873
中细粒砂岩	4.0	2.0	2	2.610×10^4	73.2	$1.566\ 0 \times 10^4$	0.439 2	855
砂质泥岩	10.0	2.5	4	2.593×10^4	35.7	$1.555\ 8 \times 10^4$	0.214 2	955
泥岩	7.5	2.5	3	2.577×10^4	15.0	$1.546\ 2 \times 10^4$	0.090 0	873
2#煤	1.0	1.0	1	1.420×10^4	6.4	$0.852\ 0 \times 10^4$	0.038 4	882
泥岩	4.0	2.0	2	2.577×10^4	19.1	$1.546\ 2 \times 10^4$	0.114 6	873
砂质泥岩	6.0	2.0	3	2.593×10^4	42.5	$1.555\ 8 \times 10^4$	0.255 0	955
中细粒砂岩	8.0	2.0	4	2.610×10^4	73.2	$1.566\ 0 \times 10^4$	0.439 2	855
砂质泥岩	3.0	3.0	1	2.593×10^4	40.0	$1.555\ 8 \times 10^4$	0.240 0	955
3#煤	5.6	2.8	2	1.520×10^4	6.0	$0.912\ 0 \times 10^4$	0.036 0	882
泥岩	3.8	1.9	2	2.577×10^4	20.0	$1.546\ 2 \times 10^4$	0.120 0	873
粉砂岩	5.0	2.5	2	2.610×10^4	66.8	$1.566\ 0 \times 10^4$	0.400 8	855
细粒砂岩	2.0	2.0	1	2.650×10^4	82.1	$1.590\ 0 \times 10^4$	0.492 6	855
泥岩、砂质泥岩	3.0	3.0	1	2.560×10^4	25.3	$1.536\ 0 \times 10^4$	0.151 8	873
泥质灰岩	3.0	3.0	1	2.670×10^4	120.6	$1.602\ 0 \times 10^4$	0.723 6	755
泥岩	2.0	2.0	1	2.577×10^4	20.0	$1.546\ 2 \times 10^4$	0.120 0	873
砂质泥岩	3.0	3.0	1	2.593×10^4	40.0	$1.555\ 8 \times 10^4$	0.240 0	955
粉砂岩	3.0	3.0	1	2.610×10^4	76.8	$1.566\ 0 \times 10^4$	0.460 8	855
石灰岩	4.0	2.0	2	2.670×10^4	95.0	$1.602\ 0 \times 10^4$	0.570 0	855

表 5-1（续）

岩层名称	总厚 /cm	分层厚 /cm	分层数	原型		模型		配比号 （砂：灰：膏）
				容重 /(N/m³)	抗压强度 /MPa	容重 /(N/m³)	抗压强度 /MPa	
砂质泥岩	4.8	2.4	2	2.593×10^4	40.0	$1.555\ 8 \times 10^4$	0.240 0	955
泥岩	3.2	1.6	2	2.577×10^4	20.0	$1.546\ 2 \times 10^4$	0.120 0	873
8#煤	3.0	3.0	1	1.380×10^4	6.4	$0.828\ 0 \times 10^4$	0.038 4	882
泥岩	6.0	2.0	3	2.577×10^4	22.3	$1.546\ 2 \times 10^4$	0.133 8	873
砂质泥岩	8.0	2.0	4	2.593×10^4	40.2	$1.555\ 8 \times 10^4$	0.241 2	955

图 5-1　配置模型材料　　　　　图 5-2　搭建模型

5.2.2　测点布置

为了精确监测煤层推进过程中覆岩移动和位移变化情况，在模型正面不同层位布置了位移基点，位移基点共布置 12 行、24 列，基点间距为 10 cm×10 cm。其中在 3#煤层中布置一列位移基点（4#测线，测点为 1～22）、1 号测线（1-1，1-2，…，1-10）、2 号测线（2-1，2-2，…，2-10）、3 号测线（3-1，3-2，…，3-10），左侧和右侧距模型边界分别为 10 cm 和 7 cm，共计布置 288 个位移基点，对每个位移基点粘贴测标并进行编号，位移基点布置如图 5-3 所示。

为了模拟和采集下保护层开采过程中覆岩矿山压力和支承压力动态变化情况，在模型铺设过程中对其内部不同层位布置应变片测点，应变片在模型中共计布置四层，每层铺设 15 个，共计铺设 60 个基点。应变片测点布置如图 5-4 所示，8#煤层直接底布置 1 层、3#煤层与 8#煤层层间布置 2 层、3#煤层顶板布置 1 层，应力测线高度分别为 14.0 cm、37.0 cm、53.8 cm 和 70.4 cm，从距右边界 10 cm 处开始布置，间隔为 15 cm。

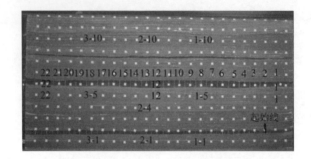

图 5-3　位移基点布置图

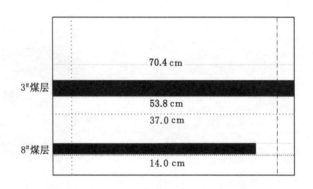

图 5-4　应变片测点布置示意图

5.2.3　模型开采

为了减少边界条件的影响，模型两边各留设 25 cm 的煤柱，工作面采用三八制，开采时根据时间相似比，每隔两小时推进 3.6 cm，首先开采 8# 煤层，等覆岩稳定之后再开挖 3# 煤层。

5.2.4　测量仪器及数据收集

在模型风干后，采用电子经纬仪将每个测点的水平角和垂直角测出并做好记录，在模型开挖过程中，采用中国矿业大学（北京）的 DH3816 静态应变测试系统采集应变片数据，同时记录电子经纬仪对每个测点的水平角和垂直角读数，测试仪器和数据收集如图 5-5 所示。试验时，在一侧开挖，在同一侧布置数字照相量测试验系统，将佳能专业单反安装到照相机架并调整焦距对准实验平台，固定好，将电子经纬仪调整水平，照明灯具采用两个 A8-400 摄影灯。

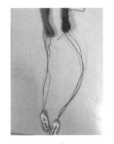

（a）应变片

（b）DH3816静态应变测试系统

（c）电子经纬仪

（d）GR地质雷达主机及天线

图 5-5　测试仪器和数据收集

5.3　近距离煤层群下保护层开采模拟结果及分析

5.3.1　覆岩垮落及运移规律

随着工作面的推进，顶板悬露面积逐渐增大，当推进长度超过顶板的极限跨距时，直接顶垮落，伴随着工作面的进一步推进，基本顶产生拉断破坏，工作面顶板初次来压，工作面继续推进，顶板将按一定规律形成周期来压现象。

5.3.1.1　采场覆岩垮落规律

（1）下保护层开采

模型从右向左依次开挖，在右边界分别保留 20 cm 和 27 cm 的保护煤柱。当工作面推进 35 m 时，如图 5-6（a）所示，顶板形成大面积悬露，顶板层与层之间开始出现水平裂隙[图 5-6（b）]，当工作面推进 40 m 时[图 5-6（c）]，直接顶大面积垮落，不利于工作面安全生产；当工作面推进 50 m 时，基本顶达到极限跨距，在工作面上方发生破断，与上覆岩层之间形成明显的离层裂隙，基本顶下方的岩层也随着基本顶的破断而弯曲下沉破断，基本顶形成初次来压

[图 5-6(d)]，覆岩自下而上形成垮落带、裂隙带和弯曲下沉带。

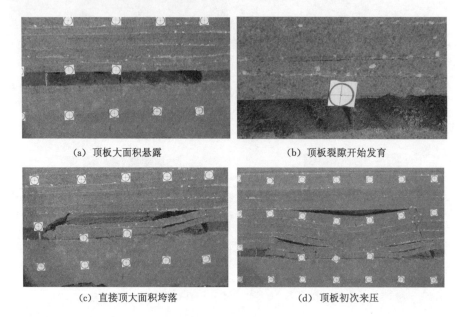

（a）顶板大面积悬露　　　　　　　（b）顶板裂隙开始发育

（c）直接顶大面积垮落　　　　　　　（d）顶板初次来压

图 5-6　顶板初次来压过程

图 5-7 所示为下保护层顶板周期来压过程（部分图），周期来压步距约为 20 m。从工作面推进 50 m 之后，直接顶随采随垮；当工作面推进 60 m 时，顶板离层不断向上发展约 18 m，工作面侧岩层垮落角约为 64°；当工作面推进 70 m 时，覆岩移动不断向前，顶板弯曲下沉量进一步增大，离层裂隙最宽处达到约 1 m，覆岩垂直裂隙进一步发育，覆岩形成第一次周期来压；随着工作面继续推进，顶板运动逐渐向上发展，上被保护层（上煤层，即 3# 煤层）受下保护层（下煤层，即 8# 煤层）开采影响开始出现膨胀变形，煤层内出现明显的水平裂隙，也开始出现少量垂直裂隙，工作面前方岩层垮落角没变；当工作面推进 90 m 时，覆岩继续向前和向上运动，工作面前方岩层垮落角达到约 65°，水平离层裂隙发育高度超过 3# 煤层，水平离层裂隙发育最高处约位于下煤层顶板 50 m 处，同时采空区中部的裂隙受顶板下沉和挤压的影响开始逐渐闭合，3# 煤层水平离层裂隙跨度进一步增大，垂直破断裂隙开始增多，膨胀变形进一步增大，此时受下部 8# 煤层开采的影响，约 45 m 范围内的 3# 煤层卸压效果和裂隙发育较好，利于瓦斯的解吸和流动；当工作面推进 100 m 时，覆岩水平离层裂隙进一步向上发展，3# 煤层内远离工作面侧的裂隙开始被压实，靠近工作面侧的煤层裂隙开始发育。

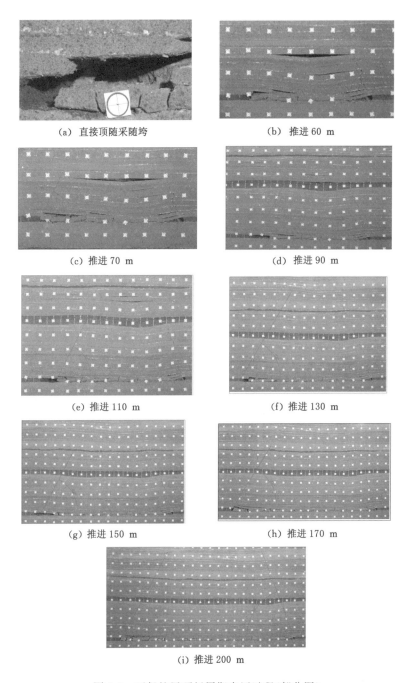

(a) 直接顶随采随垮

(b) 推进 60 m

(c) 推进 70 m

(d) 推进 90 m

(e) 推进 110 m

(f) 推进 130 m

(g) 推进 150 m

(h) 推进 170 m

(i) 推进 200 m

图 5-7　下保护层顶板周期来压过程(部分图)

当工作面推进 110 m 时,顶板工作面处垮落线前移,垮落角减小到约 63°,位于采空区中部的 3# 煤层裂隙被压实,两侧煤层裂隙仍较发育,且工作面侧煤体裂隙发育较采空区侧发育情况好;当工作面推进 120 m 时,采空区 15 m 内顶板由于承受不住上部覆岩重量,加之自重影响,在工作面后方约 10 m 处破断,使工作面处岩层垮落角增大到 75°,覆岩破断下沉,形成又一次周期来压,离层裂隙发育高度约为 70 m;当工作面推进 135 m 时,顶板垮落破断线前移,且垮落破断角减小到约 50°,此时 3# 煤层裂隙发育情况与工作面推进 120 m 时相比无明显变化;工作面进一步推进,由于采空区垮落岩体逐渐被压实,位于采空区一定距离处应力恢复到原岩应力状态,工作面覆岩运动强度开始变得缓和,覆岩整体下沉,覆岩运动规律和裂隙发育演化规律趋于稳定。下保护层推进过程中工作面侧垮落角和顶板离层高度见表 5-2。

表 5-2　下保护层推进过程中工作面侧垮落角和顶板离层高度

推进距离/m	50	70	90	110	130	150	170	200
工作面侧垮落角/(°)	64	64	65	63	59	62	58	61
顶板离层高度/m	9	19	48	57	95	101	*	*

（2）上被保护层开采

图 5-8 所示为上被保护层顶板周期来压过程,在上被保护层（3# 煤层）右侧留设 42 m 保护煤柱进行开切眼。当工作面推进 30 m 时,采空区顶板大面积悬顶,但顶板约 12 m 范围内岩层层间水平裂隙二次张开,出现离层和下沉的趋势,煤层经过了下保护层开采后的卸压过程,裂隙发育,开挖时表现为明显的块状;当工作面推进 45 m 时,基本顶破断垮落,顶板形成初次来压,顶板垮落状态较为破碎,工作面处顶板岩层垮落角约为 60°;当工作面推进 55 m 时,顶板第一次周期来压,此时垮落角为 65°,来压步距为 10 m;当工作面推进 65 m 时,顶板垮落破断高度继续向高处发展,顶板垮落线随工作面前移,垮落角略有减小,为 62°,由于基本顶断裂形成砌体梁结构,覆岩重量大部分由采空区垮落破碎矸石支撑,一部分由工作面前方煤体支撑,工作面矿压显现不明显;当工作面推进 75 m 时,顶板破断岩层失去了煤壁的支撑,在工作面后方沿垮落线垮落,形成又一次周期来压过程,来压步距为 20 m,矿压显现剧烈;当工作面推进 85 m 时,顶板悬露再次超过其极限垮落步距破断旋转,顶板后方有采空区支撑,工作面侧垮落角为 68°,顶板来压不明显;当工作面推进 100 m 时,顶板岩层继续破断下沉,部分岩层垮落致使工作面来压,来压步距为 25 m,工作面侧垮落角增大到 75°;

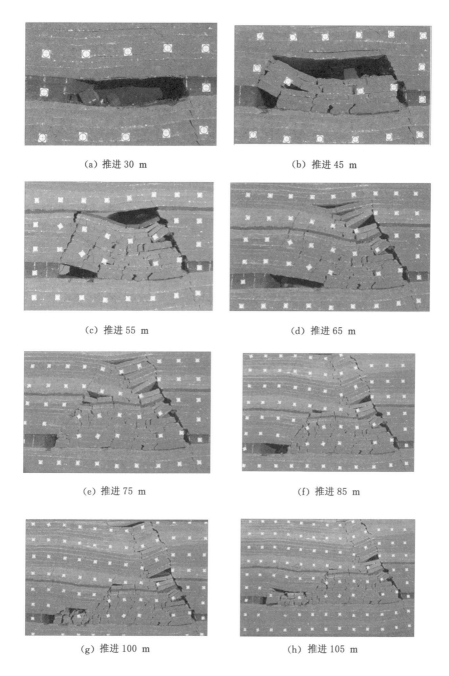

（a）推进 30 m　　　　　　　　　　（b）推进 45 m

（c）推进 55 m　　　　　　　　　　（d）推进 65 m

（e）推进 75 m　　　　　　　　　　（f）推进 85 m

（g）推进 100 m　　　　　　　　　　（h）推进 105 m

图 5-8　上被保护层顶板周期来压过程

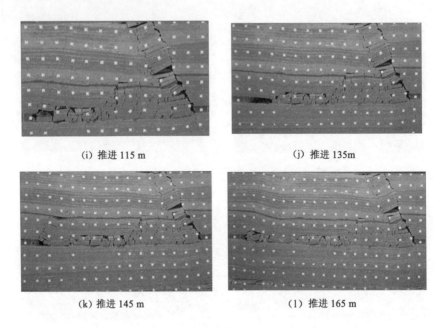

<table>
<tr><td align="center">(i) 推进 115 m</td><td align="center">(j) 推进 135m</td></tr>
<tr><td align="center">(k) 推进 145 m</td><td align="center">(l) 推进 165 m</td></tr>
</table>

图 5-8(续)

当工作面推进 115 m 时，顶板再次来压，来压步距为 15 m；当工作面推进到 145 m 时，来压步距仅为 10 m。通过图 5-8 得到的上被保护层工作面推进过程中工作面侧垮落角和周期来压步距见表 5-3。

表 5-3　上被保护层推进过程中工作面侧垮落角和周期来压步距

推进距离/m	55	65	75	85	100	105	115	135	145	165
工作面侧垮落角/(°)	65	62	57	68	75	69	66	64	62	74
周期来压步距/m	10	无	20	无	25	无	10	20	10	20

通过表 5-3 可以看出，随着上被保护层工作面的推进，工作面侧垮落角总体上呈现减小—增大—减小—增大的循环变化过程，顶板周期来压步距为 10 m、20 m、25 m 等，表现为工作面的大小周期来压现象，伴随着大周期来压剧烈和小周期来压不明显，且基本表现为小周期来压时垮落角减小，大周期来压时垮落角增大的规律，这是由于覆岩关键层的破断使得周期来压步距和来压强度都增大。

表 5-4 所示为上、下煤层开采矿压规律对比，通过上述分析可知，开采上煤层时得到了与开采下煤层不同的矿压显现规律，上煤层周期来压步距小于下煤层，且

上煤层开采工作面侧岩层垮落角大于下煤层,相同推进距离条件下,上煤层离层岩层高度大于下煤层,这是由于上煤层顶底板经历了下煤层一次采动的影响,经过了离层—下沉—压实的过程,层与层之间压密的紧致程度变弱,加之上煤层煤层较厚,采出空间大,给了顶板岩层足够的回转变形和下沉空间,使得顶板岩层产生拉伸破断,基本顶来压步距减小,顶板下沉量增大,容易出现顶板破碎且难于管理等现象。

表 5-4　上、下煤层开采矿压规律对比

煤层	初次来压步距 /m	平均周期来压 步距/m	工作面垮落角 均值/(°)	是否有大小周期 来压(是或否)	顶板状况
下煤层开采	40	20	62.1	否	较为完整
上煤层开采	45	16.4	65.6	是	较为破碎

注:下煤层推进 200 m 未计入统计。

5.3.1.2　采场覆岩移动规律

下保护层开采过程中,通过经纬仪测线数据对四条测线各测点位移有效数据进行了提取分析,监测四条测线位移变化情况。

(1)下煤层开采

图 5-9 所示为下煤层推进不同距离时覆岩位移变化曲线(向下为负),采动前各测点初始间距相等。1 号测线各测点随着下煤层工作面的推进几乎同步下沉,下煤层工作面推进 65 m 前,1 号测线测点垂直位移变化较小,仅为 30 mm 左右;推进 75 m 时垂直位移有一个突然增大到 575 mm 的过程,表明覆岩运动已经波及 1 号测线测点;在工作面推进 75～100 m 的过程中,1 号测线测点下沉速度较快,受采动影响程度剧烈;当工作面推进 100 m 之后,1 号测线测点垂直位移变化趋于缓和;在下煤层工作面推进 175 m 时,1 号测线垂直位移达到最大值 2 309 mm;工作面继续推进,位移量不再增加。2 号测线和 3 号测线由于在工作面的前方,受采动影响时间稍晚。2 号测线测点在下煤层工作面推进 125 m 时,垂直位移开始显著增加,2-3 测点位移从 54 mm 增加到 1 572 mm(推进 140 m);随着工作面继续推进,2 号测线各测点垂直位移持续增加,但增加速度逐渐变缓和,3 号测线各测点表现出与 2 号测线测点相同的垂直位移变化趋势,只是滞后于 2 号测线测点。综合分析 1、2、3 号测线可知,覆岩各测点经历了垂直位移缓慢增加—快速增加—增加速度缓和—不变的过程,且在下煤层工作面推进相同距离时,同一测线下部测点垂直位移大于上部测点。

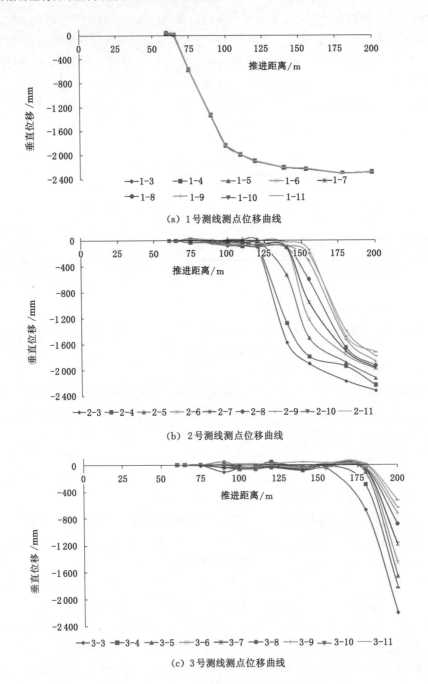

(a) 1号测线测点位移曲线

(b) 2号测线测点位移曲线

(c) 3号测线测点位移曲线

图 5-9　下煤层推进过程中覆岩垂直位移变化曲线

通过图 5-9(b)、(c)还可以看出,当下煤层工作面推进到一定距离时,相邻测点间位移差值有所不同。当推进 140 m 时,2-4 和 2-5 测点之间间距较大,其他测点间距相对较小,说明测点间发生了离层;当推进 155 m 时,2-7、2-8 和 2-9 三个测点之间的位移差值变大,而 2-3、2-4 和 2-5 三个测点之间的位移差值变小,说明下部覆岩裂隙被压实,而上部覆岩发生了明显的离层。3 号测线测点间也展现出了类似的特征。

下煤层开采后,上煤层位移变化曲线如图 5-10 所示。图 5-10(a)所示为上煤层 3 个位移监测点在下煤层推进不同距离时的垂直位移变化情况。当工作面推进 65 m 以内时,三个测点垂直位移变化均较小,1-6 测点垂直位移约为 8 mm,2-6 和 3-6 测点垂直位移几乎为 0,2-6 和 3-6 测点伴随着覆岩的整体运动在工作面推进 140 m 和 180 m 增加迅速;当工作面推进到 75～110 m 时,1-6 测点的垂直位移增加速度较大,从 34.3 mm 增加到了 1 570.2 mm;工作面推进到 110 m 后,垂直位移增加速度变缓;当工作面推进 200 m 时,1-6 测点垂直位移约为 2 155.9 mm,位移曲线几乎趋于水平,表明 1-6 测点下沉量已接近最大值。图 5-9(b)为 4 号测线垂直位移曲线,采空区中部垂直位移较两侧大,当工作面推进一定距离时,采空区逐渐被压实,采空区中部对应垂直位移量不再增加。

(2) 上被保护层开采(双重卸压)

图 5-11 所示为上煤层推进过程中 2 号和 3 号测线各测点垂直位移变化曲线。从整体上看,随着覆岩的下沉,采空区垮落破碎岩体进一步被压实,上煤层底板各测点垂直位移变化不大,而 2 号和 3 号测线上煤层顶板各测点展现出了与下煤层开采时相同的变化趋势。以 2 号测线为例:当工作面推进 120 m 时,2-8 测点与 2-9 测点垂直位移差相对较大,这是由于 2-8 测点处于覆岩垮落线范围内,下沉量较大;而当工作面推进 140 m 时,覆岩整体下沉,2-8、2-9、2-10、2-11 测点之间的位移差缩小,但仍相差 100 mm 左右,表明点与点之间仍存在大量的水平离层裂隙;随着工作面进一步推进,各测点之间的位移差进一步缩小。

通过与下煤层开采时覆岩下沉量对比,除了具有上述共性规律外,还有其他特点。首先,上煤层开采后,对其覆岩产生双重卸压效果,覆岩整体下沉量显著增大,如下煤层开挖时,2 号测线最大下沉量约为 2 321 mm,上煤层开挖后 2 号测线最大下沉量达到了 6 403 mm。其次,上煤层开挖时层间离层量增加幅度相对较小,这是由于受到双重卸压开采影响,上覆岩层遭受破坏程度大,覆岩破碎难以形成结构。

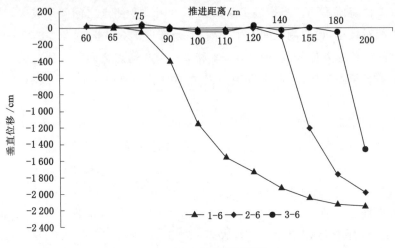

(a) 3个测点垂直位移

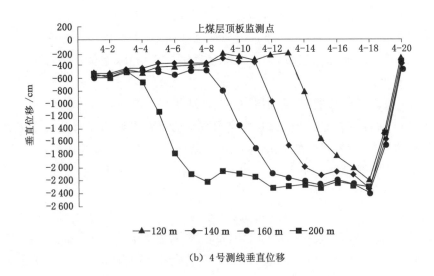

(b) 4号测线垂直位移

图 5-10　下煤层推进不同距离上煤层位移变化曲线

5.3.1.3　下煤层开采采场覆岩应力变化规律

（1）下煤层底板应变变化

为了得到下煤层开采过程中底板应力变化规律，对底板应变数据进行有效提取和分析，得到了 1-6、1-8 和 1-9 三个应变片随下煤层推进过程中的应变变化

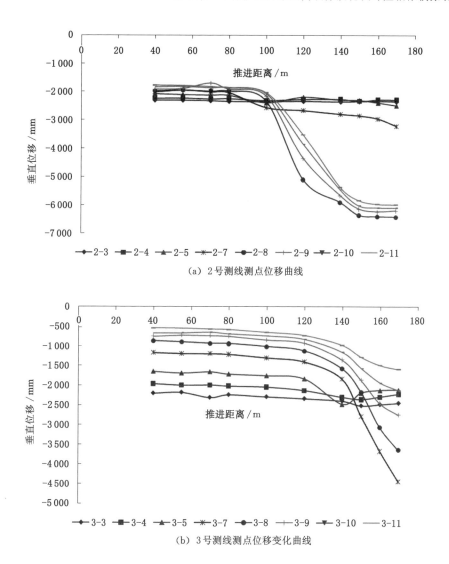

（a）2号测线测点位移曲线

（b）3号测线测点位移变化曲线

图 5-11 上煤层推进过程中覆岩垂直位移变化曲线

规律，如图 5-12 所示。从图 5-12 中可以看出，三个测点应变均经历了先增大到峰值，再减小最后趋于稳定的过程，表明底板经历了增压—减压—增压—恢复的过程，由于 1-6 测点距离开切眼 70 m，当工作面推进约 190 m 时，其应变量趋于稳定，表明 1-6 测点应力已经基本恢复到采动前状态，因此可得采空区应力恢复距离约为 120 m。

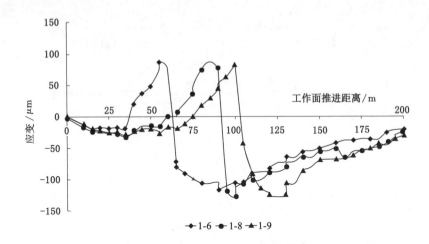

图 5-12　下煤层推进过程中测点应变变化规律

（2）上煤层卸压规律

通过模型垂直应力相似比，将 3 号应力测线应变转换为应力，得到下煤层推进不同距离时的上煤层应力变化规律，如图 5-13 所示。当工作面推进 35 m 时，最大卸压处位于工作面后方约 14 m 处，工作面前方 3 m 处和开切眼附近由于受到垂直应力转移而产生应力集中，此时由于推进距离较短，基本顶未发生垮落，下煤层覆岩裂隙带未发育到上煤层，上煤层受采动影响较小，应力集中与卸压效果均不明显，最大卸压处基本位于采空区中部，上煤层垂直应力呈"V"形；随着工作面继续推进，保护层开采的影响范围逐渐增大，当工作面推进 100 m 时，在工作面后方 5～53 m 范围内垂直应力较低，卸压效果较好；随着下煤层工作面进一步推进，顶板呈周期性垮落，上煤层卸压范围和卸压程度进一步增大，当工作面推进 160 m 时，上煤层垂直应力呈"W"形，由于覆岩受到采空区垮落矸石的支撑，采空区中部垂直应力有一定的恢复。综上所述，在下煤层开采过程中，上煤层的卸压程度和卸压范围逐渐增大，工作面前方垂直应力峰值点不断前移，上煤层垂直应力分布形式依次为"V"形（基本顶未发生垮落）、"U"形（基本顶初次垮落）和"W"形（基本顶周期性垮落）。

5.3.2　围岩裂隙动态演化规律

图 5-14 所示为随着下煤层工作面的推进，顶板出现周期性垮落和下沉，形成与顶板岩层平行的层间裂隙和与顶板斜交的斜交裂隙，层间裂隙伴随着工作

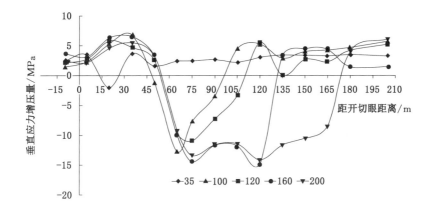

图 5-13　下煤层开采上煤层应力变化规律

面的推进和顶板垮落下沉而逐渐被压实闭合,斜交裂隙包括岩层破断而形成的垂直破断裂隙(部分被压,其余部分仍然能够保持一定的张开度)。因此,可根据采动裂隙所处的状态将裂隙发育区分为裂隙压实区和裂隙活跃期。

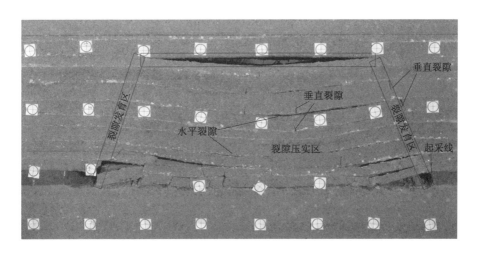

图 5-14　覆岩裂隙分布形态(下煤层推进 70 m)

5.3.2.1　下煤层开采

　　下煤层工作面推进 50 m 时,顶板初次来压,在工作面覆岩出现垂直破断裂隙,垂直破断裂隙是沟通层与层之间瓦斯流动的主要通道,此时离层裂隙发育高度为 9 m,采空区中上部岩层弯曲下沉,由于相邻岩层的岩性不同,承载能力不同,造成的弯曲下沉量也不同,因此相邻岩层发生离层,形成离层裂隙,当采空区中部的岩层弯曲程度超过其抗拉强度时,将在岩层底部出现拉张裂隙;当工作面推进 70 m 时,如图 5-15 所示,覆岩离层裂隙继续向上发育,最大高度为 19 m,而位于工作面后方约 40 m 处采空区中部离层裂隙部分压实闭合;当工作面推进 80 m 时,离层裂隙发育开始当波及上煤层,此时上煤层一定区域内充分卸压,裂隙发育明显,出现膨胀变形;工作面推进 90 m 时,覆岩离层裂隙发育高度增加到 48 m,离层裂隙带高度已超过上煤层,采空区中部覆岩裂隙逐渐闭合,通常滞后工作面 1~2 个周期来压步距,开切眼侧覆岩裂隙持续发育,随着工作面的不断推进,工作面侧垂直破断裂隙破断线随着覆岩垮落逐渐前移;当工作面推进 200 m 时,采空区中部裂隙压实闭合,工作面侧和开切眼侧裂隙最为发育。

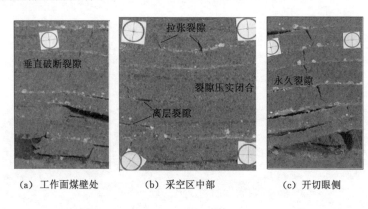

(a) 工作面煤壁处   (b) 采空区中部   (c) 开切眼侧

图 5-15   下煤层开采后覆岩裂隙发育特征

5.3.2.2   上煤层开采

图 5-16 所示为上煤层开采后覆岩裂隙发育特征。在上煤层工作面推进过程中,受二次扰动影响,顶板已压实裂隙二次发育,当工作面推进 45 m 时,顶板初次来压,覆岩顶板垮落破断,且较为破碎,引起覆岩离层裂隙垂直二次发育,离层裂隙高度约为 12 m;当工作面推进 55 m 时,覆岩垂直破断裂隙高度继续向上发展,水平离层裂隙高度约为 28 m,采空区中上部二次发育裂隙发育程度显著增加,尤其在开切眼与工作面处裂隙宽度显著增加,而采空区中下部部分裂隙开始二次闭合;当工作面推进 75 m 时,离层裂隙高度继续向上发展达到约 60 m,开切眼处裂隙发育宽度持续增大,采空区中下部部分裂隙开始受到挤压闭合;随着工作面的继续推进,覆岩裂隙持续二次发育,离层裂隙发育高度持续增加,采

空区中部裂隙逐步压实闭合,与下煤层开采同样滞后 1~2 个周期来压步距;当工作面推进 170 m 时,待覆岩压实稳定后,覆岩裂隙发育高度达到最大,此时开切眼处和工作面停采线侧裂隙发育程度最好,采空区中部裂隙压实闭合。

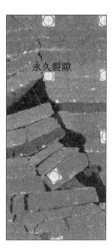

(a) 工作面煤壁处　　　　　　(b) 采空区中部　　　　　　(c) 开切眼侧

图 5-16　上煤层开采后覆岩裂隙发育特征

5.3.3　基于 Matlab 的层间裂隙数量、长度和倾角分布统计

Matlab 软件相似模拟裂隙统计,在试验过程中,必须保证在不同时间、不同光线下拍摄高质量照片,拍摄照片的主要工具为高分辨率图片采集相机尼康 D5000,分辨率为 4 288×2 848 像素,整个试验过程都将其固定在实验平台正前方约 2 m 处,为防止拍摄扰动,采用数字遥控方式进行三连拍,每拍摄一组照片都记录采集时间。图片处理流程如图 5-17 所示。

图片分辨率要求较高,经放大后,保证裂隙分布明显,如图 5-18(a)所示。采用移动平均的图像阈值处理。以 zig-zag 模式逐线执行,进而减少照明偏差,二值化结果如图 5-18(b)所示。令 z_{k+1} 表示扫描顺序中,在第 $k+1$ 步遇到的一个点。在新点处的移动平均(平均灰度)由下式给出[149]:

$$m(k+1) = \frac{1}{n}\sum_{i=k+2-n}^{k+1} z_i = m(k) + \frac{1}{n}(z_{k+1} + z_{k-n}) \tag{5-7}$$

其中,n 代表计算移动平均使用的点数,$m(1)=z_1/n$。这个初始值并不严格正确,因为单点的平均值是该点本身。

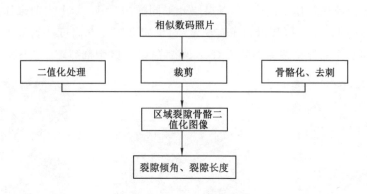

图 5-17　图片处理流程图

(a) (b)

图 5-18　Matlab 提取裂隙信息

　　经过处理得到的下煤层工作面推进不同距离裂隙演化素描图如图 5-19 所示,从图中可以较为直观地看到下煤层开采不同距离时覆岩裂隙演化规律,裂隙形态分布各异。

　　为进一步获取裂隙详细信息,采用 Tool Boxes IPT 函数 bwmorph 来生成二值图像的骨架,同时采用 endpoints 函数清除骨架产生的毛刺[150],再提取单像素裂隙骨架图像,通过累加二值化骨架图像来获得裂隙的总长度[151-152]。

　　将裂隙主轴与 x 轴的夹角作为裂隙的方向。

$$\frac{I_x}{I_y}\sin(2\alpha_0) + I_{xy}\cos(2\alpha_0) = 0 \tag{5-8}$$

　　通过 Matlab 统计裂隙长度可知:当工作面推进 40 m 时,基本顶上方裂隙开始产生,数量为 7 条,裂隙最长为 31.19 m,最短为 4.30 m;当工作面推进 80 m 时,数量为 51 条,裂隙最长为 34.62 m,最短为 0.19 m;当工作面推进 120 m 时,数量为 73 条,裂隙最长为 24.18 m,最短为 0.24 m;当工作面推进 160 m 时,数量为 73 条,裂隙最长为 17.04 m,最短为 0.23 m;当工作面推进 200 m 时,数量

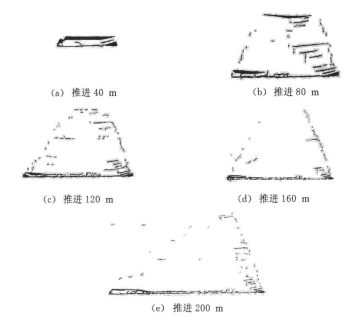

（a）推进 40 m　　　　　　　（b）推进 80 m

（c）推进 120 m　　　　　　　（d）推进 160 m

（e）推进 200 m

图 5-19　下煤层工作面推进裂隙演化素描图

为 89 条，裂隙最长为 26.95 m，最短为0.12 m。随工作面推进裂隙长度总体演化规律如图 5-20 所示。

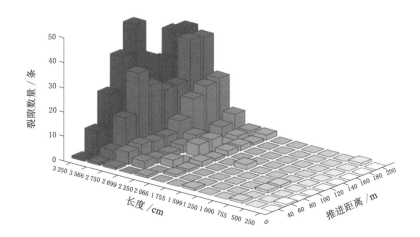

图 5-20　裂隙长度总体演化规律

裂隙数量与工作面推进距离关系如图 5-21 所示,从图中曲线可以看出裂隙数量总体随呈"S"状曲线增长。当工作面推进 $100\sim160$ m 时,裂隙"张开"数量与裂隙"闭合"数量大致达到平衡,裂隙数量在 $69\sim73$ 条之间波动。由拟合曲线可知,裂隙数量与推进距离呈三次方的递增形式,相关性较好。

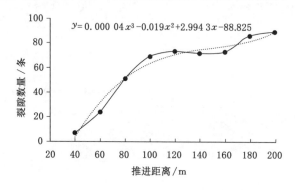

图 5-21　裂隙数量与工作面推进距离关系

随着工作面的推进,伴生倾角大小不一的采动裂隙,以水平和垂直裂隙为主。其中,推进距离相同时,水平裂隙数量比垂直裂隙多,水平裂隙和垂直裂隙数量受采动影响波动较大,裂隙发生—闭合—闭合再生过程明显,裂隙倾角总体演化规律玫瑰图如图 5-22 所示。裂隙倾角总体演化规律柱状图如图 5-23 所示。

为研究某一固定区域内覆岩随工作面推进的裂隙演化规律,选取开切眼前方 $80\sim140$ m 区域为研究对象,运用 Matlab 统计随工作面推进研究区域内(不包含垮落带和采空区)裂隙数量及倾角分布规律。当工作面推进 60 m 时,该区域产生裂隙,数量为 4 个;当工作面推进 140 m,裂隙数量逐渐增加,达到最大为 15 个;当工作面推进 200 m,裂隙数量逐渐减少。固定区域内裂隙数量规律如图 5-24 所示。

图 5-25 所示为工作面推进不同距离时固定区域裂隙倾角分布规律玫瑰图。总体上,该区域裂隙倾角仍以水平和垂直为主。随着工作面推进,水平裂隙数量先增加后减小。当工作面推进 120 m 时,水平裂隙数量达到最大值为 10 个。当工作面推进 80 m 时,垂直裂隙数量最多;当工作面推进 160 m 时,垂直裂隙闭合;当工作面推进 180 m、200 m 时,垂直裂隙再生,数量较少。

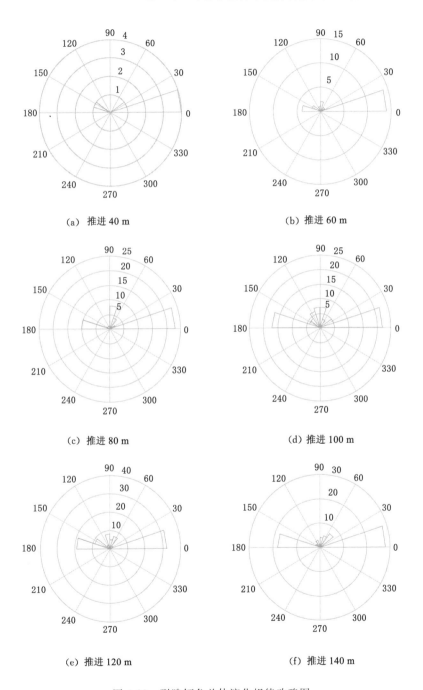

（a）推进 40 m

（b）推进 60 m

（c）推进 80 m

（d）推进 100 m

（e）推进 120 m

（f）推进 140 m

图 5-22　裂隙倾角总体演化规律玫瑰图

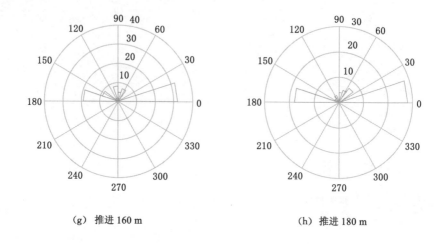

（g）推进 160 m   （h）推进 180 m

图 5-22（续）

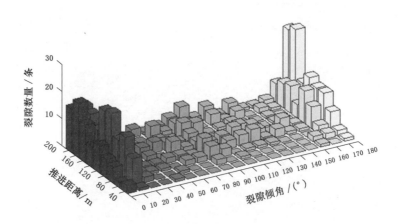

图 5-23　裂隙倾角总体演化规律柱状图

5.3.4　上煤层卸压膨胀和裂隙演化规律

下煤层推进过程中，上煤层的卸压和膨胀变形可通过点与点之间的相对距离变化来确定，假设采动影响前 A 点和 B 点的坐标分别为 (x_0, y_0) 和 (x_1, y_1)，其相对长度 $d_{AB} = \sqrt{(x_1 - x_0)^2 + (y_1 - y_0)^2}$；采动后 A' 点和 B' 点的坐标为 (x_2, y_2) 和 (x_3, y_3)，其相对长度 $d_{A'B'} = \sqrt{(x_3 - x_2)^2 + (y_3 - y_2)^2}$，具体判定方法如下：

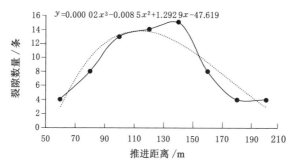

图 5-24　固定区域内裂隙数量规律

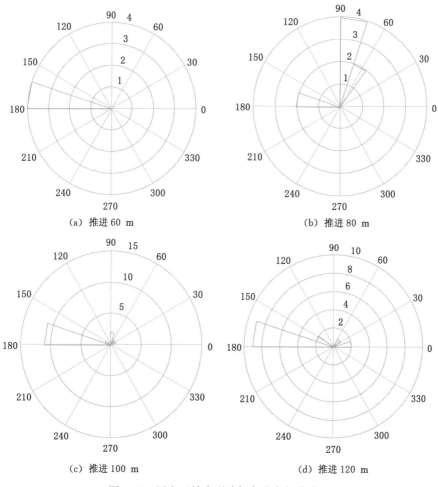

（a）推进 60 m　　　　　　　　（b）推进 80 m

（c）推进 100 m　　　　　　　（d）推进 120 m

图 5-25　固定区域内裂隙倾角分布规律玫瑰图

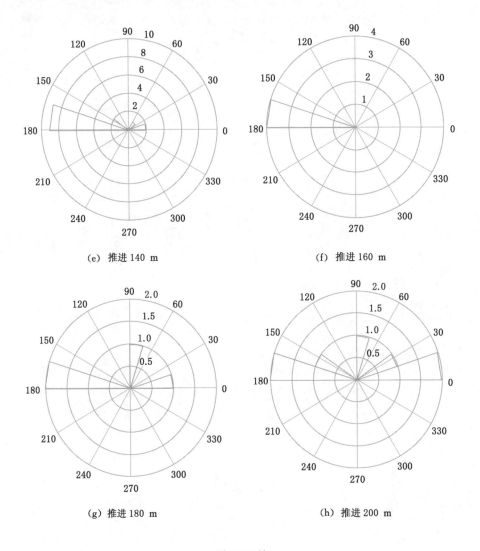

(e) 推进 140 m

(f) 推进 160 m

(g) 推进 180 m

(h) 推进 200 m

图 5-25(续)

$$\begin{cases} \dfrac{d_{A'B'}}{d_{AB}} = 1 & (1) \\[2ex] \dfrac{d_{A'B'}}{d_{AB}} > 1 & (2) \\[2ex] \dfrac{d_{A'B'}}{d_{AB}} < 1 & (3) \end{cases} \qquad (5\text{-}9)$$

若结果满足式(1),表明两点处于拉伸状态;若结果满足式(2),表明两点未受采动影响;若结果满足式(3),表明两点受压。

通过 GetData Graph Digitizer 软件,在使用高倍摄像机拍摄的图片中建立坐标系,并对图中位移各测点坐标进行提取,进而计算下煤层工作面推进不同距离时所要观测测点(上煤层上点,上煤层中点,上煤层下点)的水平坐标和垂直坐标情况,分析上煤层覆岩卸压和膨胀变形规律,测点相对坐标提取示意如图 5-26 所示。下煤层推进不同距离时测点坐标(部分坐标)见表 5-5,下煤层推进不同距离测点间相对长度比值见表 5-6。

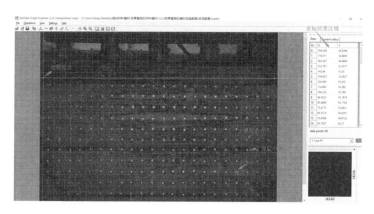

图 5-26　测点相对坐标提取示意图

表 5-5　下煤层推进不同距离时测点坐标(部分坐标)

| 坐标 | 开挖 0 m | | 推进 80 m | | 推进 90 m | | 推进 100 m | |
| | 上煤层中 | | 上煤层中 | | 上煤层中 | | 上煤层中 | |
	x	y	x	y	x	y	x	y
1	214.108 00	63.664 3	214.155 00	63.929 5	214.413 00	63.494 9	214.380 00	63.587 0
2	203.727 00	63.748 9	203.775 00	63.921 4	203.937 00	63.494 9	203.992 00	63.587 0
3	193.957 00	63.664 3	194.005 00	63.829 0	194.159 00	63.494 9	194.214 00	63.587 0
4	184.013 00	63.748 9	184.060 00	63.906 2	184.294 00	63.664 3	184.262 00	64.010 9
5	173.981 00	63.664 3	174.029 00	63.898 5	174.167 00	63.918 2	174.312 00	65.028 3
6	163.601 00	63.579 6	163.561 00	63.805 5	163.690 00	64.002 9	163.662 00	65.452 2
7	153.569 00	63.664 3	153.703 00	63.882 8	153.913 00	64.510 9	153.884 00	65.197 8
8	143.886 00	63.833 6	143.933 00	63.960 2	144.222 00	64.002 9	144.105 00	64.689 1
9	134.029 00	63.833 6	134.076 00	64.037 5	134.270 00	63.748 9	134.239 00	64.180 4

表 5-5(续)

坐标	开挖 0 m		推进 80 m		推进 90 m		推进 100 m	
	上煤层中		上煤层中		上煤层中		上煤层中	
	x	y	x	y	x	y	x	y
10	124.259 00	63.748 9	124.306 00	63.945 0	124.492 00	63.748 9	124.460 00	63.756 5
11	114.663 00	63.494 9	114.711 00	63.598 0	114.889 00	63.410 3	114.769 00	63.417 4
12	104.195 00	63.748 9	104.243 00	63.844 6	104.413 00	63.579 6	104.293 00	63.671 7
13	94.686 90	63.833 6	94.647 10	63.837 2	94.722 20	63.664 3	94.690 10	63.671 7
14	84.916 90	63.748 9	84.964 30	63.829 7	85.031 70	63.494 9	84.999 50	63.587 0
15	75.408 60	63.664 3	75.456 00	63.737 5	75.515 90	63.494 9	75.570 90	63.587 0
16	65.202 60	63.494 9	65.337 00	63.475 0	65.388 90	63.325 6	65.356 10	63.332 6
17	55.432 40	63.664 3	55.479 80	63.722 1	55.611 10	63.410 3	55.578 70	63.502 2
18	45.575 10	63.833 6	45.709 80	63.884 3	45.746 00	63.664 3	45.626 70	63.671 7
19	35.281 40	64.172 2	35.329 10	64.215 9	35.357 10	64.002 9	35.326 00	64.095 7
20	26.558 00	64.426 2	26.605 90	64.463 9	26.627 00	64.172 2	26.596 20	64.265 2
21	15.916 00	63.918 2	16.050 80	63.861 4	15.976 20	63.66 43	16.031 60	63.756 5
22	4.924 46	64.256 9	4.972 24	64.192 5	4.976 19	64.002 9	4.945 07	64.095 7

表 5-6 下煤层推进不同距离测点间相对长度比值

测点	推进 80 m	推进 90 m	推进 100 m	推进 120 m	推进 140 m	推进 160 m	推进 180 m	推进 200 m
	比值							
1	0.986 227	0.991 585	1.001 381	0.993 012	0.993 171	1.001 492	0.992 976	1.002 915
2	1.002 746	1.000 025	1.018 016	1.009 878	0.992 911	1.001 311	1.001 159	1.011 141
3	1.011 300	0.999 998	1.009 98	1.001 623	1.001 566	1.002 161	1.001 644	1.011 797
4	1.071 452	1.076 606	1.061 126	1.052 325	1.052 579	1.060 914	1.052 489	1.062 586
5	1.156 053	1.144 218	1.052 285	1.060 857	1.052 418	1.069 254	1.052 369	1.062 559
6	1.154 608	1.134 492	1.026 889	1.018 321	1.009 927	1.009 866	1.018 314	1.019 789
7	1.067 335	1.031 986	1.017 361	1.017 442	1.009 288	1.001 326	0.993 215	1.010 721
8	1.011 698	1.026 476	1.045 404	1.019 023	1.010 238	1.010 260	1.010 237	1.020 545
9	0.985 278	0.991 221	1.010 151	1.010 492	0.992 588	1.001 668	0.992 67	0.994 120
10	0.994 169	0.974 030	0.992 815	1.045 553	1.001 525	0.992 831	0.984 029	1.002 910
11	0.994 537	0.983 325	1.001 505	1.034 967	1.018 155	1.009 815	1.009 837	1.002 941
12	0.994 242	1.000 103	1.001 422	1.010 063	1.053 311	1.018 791	1.010 396	1.011 501
13	1.020 056	1.008 452	1.018 573	1.018 580	1.044 458	1.035 830	1.027 175	1.028 720

表 5-6(续)

测点	推进 80 m	推进 90 m	推进 100 m	推进 120 m	推进 140 m	推进 160 m	推进 180 m	推进 200 m
	比值							
14	0.985 861	0.991 477	1.001 399	0.992 908	0.992 919	1.009 885	1.001 407	1.002 858
15	1.002 897	1.000 000	1.001 465	0.992 892	1.010 021	1.027 312	1.010 145	1.002 907
16	1.011 309	1.000 020	1.018 425	1.001 472	1.010 078	1.018 286	1.035 378	1.028 602
17	0.994 203	1.008 706	1.010 197	0.992 877	1.001 426	1.001 472	1.018 891	1.020 352
18	1.003 143	1.009 023	1.009 969	1.001 725	1.001 379	1.001 668	1.010 021	1.020 771
19	1.002 867	1.000 276	1.001 364	0.992 785	1.001 372	1.001 382	0.992 518	1.021 943
20	0.993 742	1.009 446	1.001 339	1.001 419	1.001 343	1.001 071	1.001 448	1.021 107
21	1.003 254	1.008 565	1.001 728	1.001 842	1.002 210	1.001 764	1.011 009	1.003 336
22	1.002 854	1.008 815	1.010 198	1.010 276	1.010 202	1.019 071	1.001 841	1.011 769

图 5-27 所示为下煤层工作面推进不同距离时上煤层中测点及其底板测点相对长度比值变化曲线,从图中可以看出,下煤层推进不同距离时,上煤层的压缩和膨胀变形展现出了相同的规律,只是分布范围不同。例如:当下煤层工作面推进 80 m 时,上煤层 1 号测点(距开切眼 10 m)处于增压区,上煤层处于压缩状态,2、3 号测点处于过渡区域,4~8 号测点(距离开切眼 20~50 m)上煤层处于拉伸状态,煤体处于卸压膨胀变形状态,距离开切眼 60~70 m 的 9、10 号测点处于过渡区域,而距离开切眼 80 m 以外的煤层受采动影响较小。随着工作面的继续推进,由于达到充分采动,覆岩整体下沉,除开切眼处覆岩仍处于一定的拉伸变形状态,其余部分煤体应力和变形均恢复到采动前状态。

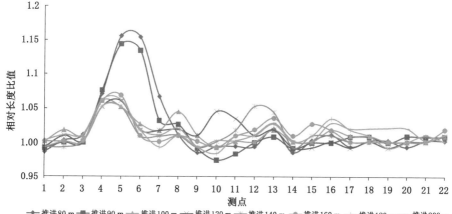

图 5-27　下煤层工作面推进不同距离时上煤层中测点及其底板测点相对长度比值变化曲线

下煤层开采过程中,通过图 5-28 可直观地观测到上煤层经历了动态的裂隙演化和卸压膨胀过程。当下煤层工作面推进 70 m 时,采空区中部上煤层开始与底板岩层发生离层,水平裂隙发育,煤体内吸附瓦斯解吸;当下煤层工作面推进 90 m 时,采空区中部上煤层处于下煤层开采的裂隙带中,水平裂隙和垂直裂隙均较发育,上煤层卸压和膨胀变形较为充分,此区域内富含大量游离态瓦斯,有利于瓦斯抽采;当下煤层工作面推进 130 m 时,随着采空区垮落破碎岩体的压实,采空区中部上煤层裂隙闭合,但仍处于卸压状态,下煤层开切眼和工作面侧对应上煤层裂隙发育;随着下煤层工作面的继续推进,上煤层采空区中部对应裂隙闭合区域范围增大,卸压区域稳定,当工作面推进 180 m 时,裂隙闭合区域约为 90 m,下煤层开切眼侧和工作面侧对应上煤层裂隙处于发育状态。

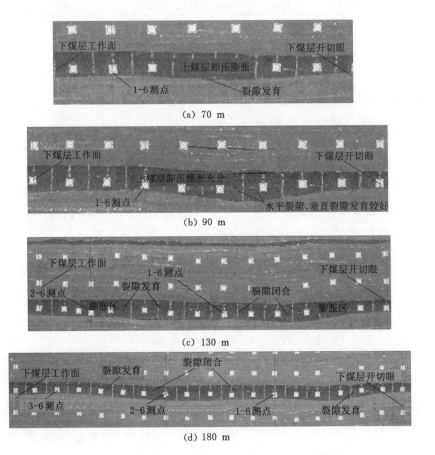

图 5-28　下煤层不同推进距离上煤层裂隙演化和卸压膨胀

因此结合下煤层开采过程中上煤层的卸压规律及裂隙演化规律可知,采空区上方任一点都经历了压缩、膨胀变形、膨胀变形增大、膨胀变形减小、膨胀变形稳定这几个阶段,待采空区上覆岩层变形稳定后,可将上煤层分为五个区域:压缩变形区、卸压膨胀过渡区、卸压膨胀稳定区、卸压膨胀过渡区、压缩变形区。下保护层开采上煤层膨胀变形分区如图 5-29 所示。

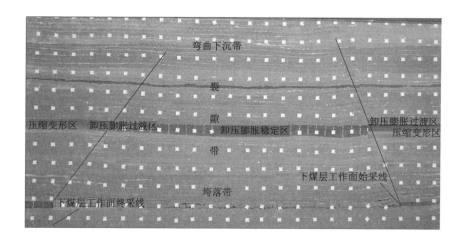

图 5-29　下保护层开采上煤层膨胀变形分区

5.3.5　地质雷达(GR)探测及结果

5.3.5.1　地质雷达探测原理

由于地质雷达技术具有剖面直观、图像实时显示、分辨率高、定位准确、方便经济等优点,近年来发展迅速,作为一种先进的无损检测技术,广泛应用于矿山工程和岩土工程界[153-156]。

地质雷达通过高频电磁波反射来实现对有电性差异的界面或目标体的探测,其通过发射天线向所探测目标体发射脉冲电磁波,当电磁波在传播过程中遇到介电常数和电导率不同的界面或者目标体时,会发生散射和反射现象,进而根据接收天线收到的回波信号的频率、波形和振幅等特征来分析和推断介质结构和物性特征,探测原理如图 5-30 所示。当探测岩石介质内含有断裂、裂隙、节理或者其他异常地质构造时,其电性会发生变化,地质雷达产生的高频短脉冲电磁波和能量在传播过程中会因介质电性变化而引起信号的反射,从而形成反射波,通过对反射波的后期处理,可得到不同形式的地质雷达剖

面,通过对地质雷达剖面展示出的信号强弱变化对得到的测试结果进行合理
解释[157-159,145]。

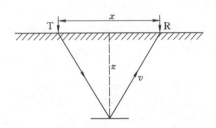

图 5-30　GR 地质雷达探测原理图

电磁脉冲波行程需时为:

$$\sqrt{4z^2 + x^2}/v \tag{5-10}$$

式中　v——介质的电磁波速,m/ns;

　　　x——两个天线之间的距离,m;

　　　z——反射体的深度,m。

介质的电磁波速为:

$$v = [1 - (\sigma/\omega\xi_r)^2/8]\sqrt{\xi_r\mu} \tag{5-11}$$

对于地下介质,因为 $\sigma/\omega\xi_r \ll 1$,所以式(5-11)可简化为:

$$v = 1/\sqrt{\xi_r\mu} \ \ \text{或} \ \ v = c\sqrt{\xi_r} \tag{5-12}$$

式中　ω——介质的角频率;

　　　σ——介质的电导率;

　　　ξ_r——介质的相对介电常数;

　　　c——电磁波在真空中的传播速度,m/s;

　　　μ——介质的磁导率。

5.3.5.2　试验方案设计

本次探测设备采用中国矿业大学(北京)自主研制的 1.6 GHz 地质雷达进行试验,探测前对地质雷达主机参数进行调整,煤岩相对介电常数为 6,采用 512 个样点,时窗测深为 0.7 m。共计布置 19 条垂直测线,探测时按照从下到上、从右到左的顺序;布置 9 条水平测线,探测时按照从右到左、从上到下的顺序。每次探测前都要等开挖覆岩稳定后进行,尽量使雷达天线与探测体表面紧密接触,以均匀速度缓慢平稳在位移测点之间移动。地质雷达测线布置示

意如图 5-31 所示。

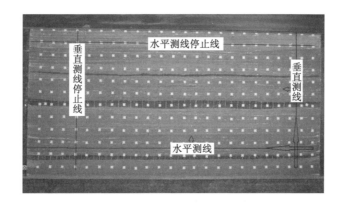

图 5-31　地质雷达测线布置示意图

5.3.5.3　地质雷达探测结果分析

对所收集的数据通过地质雷达处理分析系统进行了零线设定、背景去噪、滤波、小波变换、增益等一系列后期处理,得到最终试验结果[160]。

图 5-32 所示为下煤层工作面推进不同距离时 2 号垂直测线地质雷达探测结果。根据地质雷达探测原理,图像的亮度代表能量的大小,亮度发生明显变化的地方表明传播介质发生了较大变化,且电磁波在遇到介质发生明显变化的界面波幅会增大,对比图 5-32(a)、(b)可知:在 450 道波形图中,5-32(a)中波幅明显大于 5-32(b),当下煤层工作面推进 50 m 时,2 号垂直测线雷达图像中出现了明显的亮点区域,表明开切眼处顶板垮落破碎,覆岩裂隙发育;而随着下煤层工作面的进一步推进,上覆岩层断裂下沉,采空区垮落岩体逐渐被压实,覆岩相对介电常数差异变小,导致地质雷达发射能量较低,如图 5-32(b)所示。

图 5-33 所示为下煤层工作面推进过程中 4 号水平测线地质雷达探测结果图像,通过对比可发现:下煤层未开挖前[图 5-33(a)],由于覆岩相对介电常数差异较小,图像颜色较暗,受下煤层开采采动影响;当工作面推进 75 m 时,上煤层与底板产生一定的离层,出现了岩体—空气—岩体的介质变化,表现为高频电磁发射波波幅变大,反射能量强,在图像中表现为颜色较亮,如图中圆圈内所示,且沿模型倾斜方向两侧对称分布[图 5-33(b)];当工作面推进 90 m 时,图像内亮点区域分布范围和亮度有所减小,这是由于对着覆岩垮落下沉,4 号水平测线内离层水平裂隙被一定程度压实[图 5-33(c)];随着工作面进一步推进,采空区垮落岩体被完全压实,裂隙闭合[图 5-33(d)]。

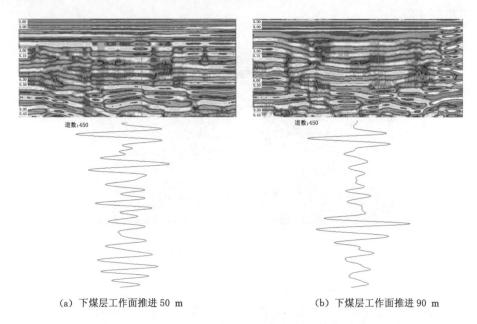

（a）下煤层工作面推进 50 m　　　　　（b）下煤层工作面推进 90 m

图 5-32　2 号垂直测线地质雷达探测结果

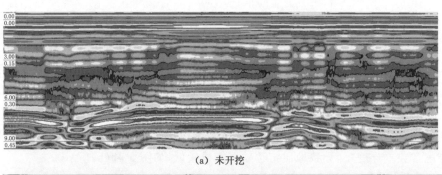

（a）未开挖

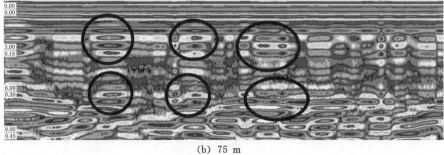

（b）75 m

图 5-33　下煤层工作面推进过程中 4 号水平测线地质雷达探测结果图像

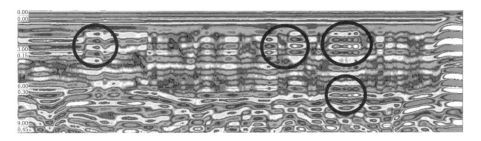

(c) 90 m

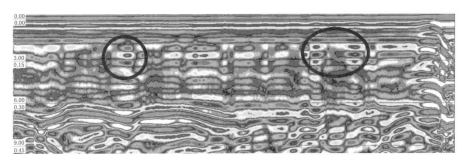

(d) 120 m

图 5-33(续)

图 5-34 所示为上煤层工作面开采过程中 8 号垂直测线地质雷达探测结果图像。当下煤层开采覆岩稳定后,采空区垮落岩体被完全压实,此时覆岩较为连续,雷达图像显示连续且暗淡[图 5-34(a)];当上煤层工作面推进 60 m时,8 号垂直测线处覆岩受到二次采动影响,局部发生离层和破坏,如图 5-34(b)中圆圈内所示;随着工作面进一步推进,离层和覆岩垮落破断范围先增大[图 5-34(c)]后减小[图 5-34(d)],当推进 160 m 时,覆岩整体下沉,采空区垮落岩体被压实,表现为地质雷达探测图像与上煤层未开挖时基本一致。

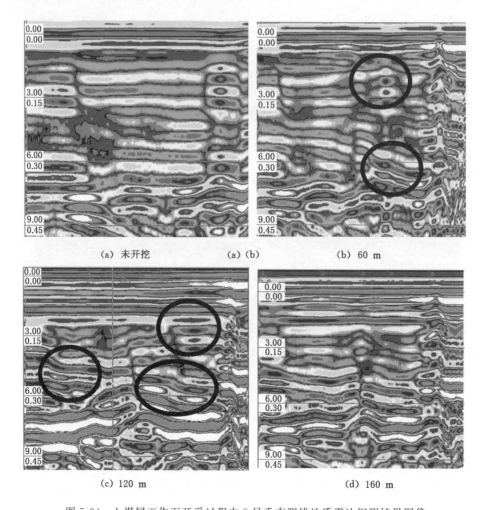

(a) 未开挖   (a) (b)   (b) 60 m

(c) 120 m   (d) 160 m

图 5-34　上煤层工作面开采过程中 8 号垂直测线地质雷达探测结果图像

5.4　本章小结

本章以长平煤矿 $3^\#$ 上煤层和 $8^\#$ 下煤层煤层群为研究背景,研究了煤层群开采过程中,覆岩运动及裂隙空间分布演化特点,主要得到以下结论:

(1) 上煤层开采直接顶初次垮落步距和基本顶初次断裂步距均小于下煤层开采。

(2) 在上煤层工作面推进过程中,工作面侧垮落角总体上呈现减小—增大—减小—增大的循环变化过程,表现为工作面的大小周期来压现象,伴随着大周期来压剧烈和小周期来压不明显,且基本表现为小周期来压时垮落角减小,大周期来压时垮落角增大的规律。

(3) 在下煤层开采过程中,上煤层的卸压程度和卸压范围逐渐增大,工作面前方垂直应力峰值点不断前移,上煤层垂直应力分布形式依次为"V"形(基本顶未发生垮落)、"U"形(基本顶初次垮落)和"W"形(基本顶周期性垮落)。

(4) 随着下煤层工作面的推进,顶板周期性垮落和下沉,采空区侧卸压范围和卸压程度先增大后趋于稳定,随着采空区垮落破碎岩体逐渐被压实,采空区底板逐渐恢复原岩应力水平,通过对底板应力监测,底板经历了增压—减压—增压—恢复的过程,采空区应力恢复距离约为 120 m。

(5) 下煤层开采过程中,上煤层任一点都经历了压缩、膨胀变形、膨胀变形增大、膨胀变形减小、膨胀变形稳定这几个阶段,待采空区上覆岩层变形稳定后,可将上煤层分为五个区域:压缩变形区、卸压膨胀过渡区、卸压膨胀稳定区、卸压膨胀过渡区、压缩变形区。上煤层裂隙也经历了发育—扩展—压实闭合的动态过程。

(6) 利用 Matlab 统计得到了下煤层开采过程中覆岩裂隙数量、长度和倾角的统计规律:裂隙总体数量随工作面推进呈"S"形曲线增长,得到了裂隙数目与推进距离的拟合曲线;裂隙倾角以水平和垂直为主,覆岩中水平裂隙数量先增大后减小,获得了随工作面推进不同距离覆岩整体裂隙倾角分布和开切眼前方 80～140 m 固定区域内裂隙倾角分布玫瑰图。

第6章 结论与展望

6.1 主要结论

本书主要以长平煤矿为工程背景,综合运用理论分析、数值模拟、相似模拟试验等手段研究了近距离煤层开采过程中围岩裂隙演化规律及卸压效果的空间效应,主要得到以下结论:

(1) 在成煤过程中及成煤后的地质构造运动使其内部产生了大量的孔隙和裂隙,按照煤体内孔隙直径大小可将其分为微孔、小孔、中孔、大孔、可见孔及裂隙五个级别,按煤岩体中裂隙大小及形态可分为微裂隙、小裂隙、中裂隙和大裂隙四类。

(2) 在增压阶段,煤岩体内原生裂隙经历了剪切滑移—自相似扩展—弯折扩展—剪切扩展的发育过程;在卸压阶段,得到了轴压卸荷过程中裂隙发生反向滑移的应力条件及裂隙尖端的应力强度因子,最大主应力卸荷岩体卸荷过程中,轴压卸荷到围压的过程中,裂隙反向滑移变形必然发生,而张开变形具有应力条件;轴压卸荷到零的过程,裂隙张开和裂隙扩展都需要一定的应力条件。

(3) 基于关键层理论将近距离煤层保护层开采层间结构类型分为:层间无关键层,层间含单一亚关键层,层间含两个亚关键层,层间含多个亚关键层。

得到顶板破断形成垂直破断裂隙应满足破断变形强度条件:$L_i \geqslant [L_i] = 2h\sqrt{\dfrac{[\sigma_i s]}{3\gamma H}}$,变形协调条件:$\Delta W_{\mathrm{m}i} = h'_{i+1}(K'_{pi+1} - 1)\left[1 - \exp(-\dfrac{x}{2l_i})\right] \geqslant \Delta = h\left[1 - \sqrt{\dfrac{1}{3nK\overline{K}}}\right]$,且垂直破断裂隙的张开角度与岩层内部下沉曲线方程的二阶导数有关:$\beta_i = \dfrac{\mathrm{d}W_i}{\mathrm{d}x_i} - \dfrac{\mathrm{d}W_{i+1}}{\mathrm{d}x_{i+1}} = \displaystyle\int_{x_i}^{x_{i+1}} W'' \mathrm{d}x$。基于岩梁的最大应变理论推导出了将岩梁视为简支梁时断裂所满足的跨度条件:$l \geqslant \left(\dfrac{648EI}{11q}\sqrt{1 + [\varepsilon]^{-1}}\right)^{1/3}$。

层间含多层亚关键层时,亚关键层的位置、层数会影响覆岩的动态发育和分布规律,亚关键层不会影响裂隙向高处发展,岩性和厚度相同的两亚关键层对其层间裂隙范围增大有抑制作用。

(4) 研究了采空区应力分布规律。运用采场上覆岩体载荷守恒计算模型、侧向扩展支承载荷模型及基于地表下沉量的采空区应力恢复距离拟合公式,以长平煤矿 8# 煤层 84306 工作面为例,当采高为 3 m、煤层埋深为 530 m 时,采空区应力恢复距离分别为 103 m、169 m、140 m。采空区应力恢复距离随采高、垮落岩体碎胀系数、煤层埋深呈正相关,与采空区顶板岩性呈负相关,与煤层埋深呈非线性关系;采高增大主要影响垮落破碎岩体碎胀系数,其对采空区应力恢复距离的影响较顶板岩性小。

得到了下煤层开采后覆岩空间应力及其位移分布规律,根据下煤层顶板垂直应力和垂直位移分布情况,将顶板沿工作面推进方向分为五个区域,自工作面煤壁前方到采空区依次为原岩应力区、压缩区、膨胀区、应力恢复区、重新压实区,分析了各区域内瓦斯通道的形成和发育特点。

下煤层顶板不同位置、不同高度的应力分布均不同,距离下煤层越远,垂直应力较原岩应力减小量越小,其三维应力(SXX,SYY,SZZ)两两之间差值越来越小,较大的三维应力梯度和应力不对称性会更容易造成煤岩体内裂隙的产生、扩展及煤岩体破坏,距离保护层工作面越近,煤岩体产生的裂隙越多,且越容易发生破坏。

得到了下煤层推进过程中,借助卸压系数和卸压角衡量的上煤层空间卸压效果规律。随着保护层工作面的推进,被保护层的卸压程度和卸压范围逐渐增大,伴随着直接顶和基本顶的垮落,覆岩重力向煤壁方向和开切眼转移,产生应力集中。随着采空区顶板不断下沉,采空区垮落破碎岩体的压实,对顶板的支撑作用逐渐增大,从而使得在采空区中偏后区域的保护层卸压程度有一定的减小,以采空区中轴线为中线,前后并不对称,保护层最大卸压处位于偏向工作面的方向。距离煤柱不同位置,沿煤层推进方向卸压角不同,开切眼侧和煤壁侧卸压角随着靠近煤柱均先增大后减小;距离工作面煤壁的不同位置,采空区沿煤层倾向卸压角不同,煤柱侧卸压角随着远离工作面先增大后减小。

(5) 通过相似模拟试验得到以下结论:

① 上煤层开采直接顶初次垮落步距和基本顶初次断裂步距均小于下煤层开采,下煤层推进 40 m 时,直接顶大面积垮落,工作面推进 50 m 时,基本顶断裂,形成初次来压,上煤层直接顶初次垮落步距和基本顶初次来压步距分别为30 m 和 45 m。

② 上煤层工作面推进过程中,工作面侧垮落角总体上呈现减小—增大—减

小—增大的循环变化过程,顶板周期来压步距为 10 m、20 m、25 m 等,表现为工作面的大小周期来压现象,伴随着大周期来压剧烈和小周期来压不明显,且基本表现为小周期来压时垮落角减小,大周期来压时垮落角增大的规律,这是由于覆岩关键层的破断使得周期来压步距和来压强度都增大。

③ 在下煤层开采过程中,上煤层的卸压程度和卸压范围逐渐增大,工作面前方垂直应力峰值点不断前移,上煤层垂直应力分布形式依次为"V"形(基本顶未发生垮落)、"U"形(基本顶初次垮落)和"W"形(基本顶周期性垮落)。

④ 随着下煤层工作面的推进,顶板周期性垮落和下沉,采空区侧卸压范围和卸压程度先增大后趋于稳定,随着采空区垮落破碎岩体逐渐被压实,采空区底板逐渐恢复原岩应力水平,通过对底板进行应力监测,底板经历了增压—减压—增压—恢复的过程,采空区应力恢复距离约为 120 m。

⑤ 下煤层开采过程中,上煤层任一点都经历了压缩、膨胀变形、膨胀变形增大、膨胀变形减小、膨胀变形稳定这几个阶段,待采空区上覆岩层变形稳定后,可将上煤层分为五个区域:压缩变形区、卸压膨胀过渡区、卸压膨胀稳定区、卸压膨胀过渡区、压缩变形区。上煤层裂隙也经历了发育—扩展—压实闭合的动态过程,与数值模拟结果一致。

⑥ 利用 Matlab 统计得到了下煤层开采过程中覆岩裂隙数量、长度和倾角的统计规律:裂隙总体数量随工作面推进呈"S"形曲线增长,得到了裂隙数量与推进距离的拟合曲线;裂隙倾角以水平和垂直为主,覆岩中水平裂隙数量先增大后减小,获得了随工作面推进不同距离覆岩整体裂隙倾角分布和开切眼前方 80～140 m 固定区域内裂隙倾角分布玫瑰图。

6.2 研究展望

本书以长平煤矿近距离煤层群为研究背景,综合采用理论分析、试验研究、数值模拟和工程实践等研究方法,基于采空区应力分布规律,对下保护层开采后上煤层空间卸压规律和围岩裂隙演化规律进行了深入研究,得到了一些有意义的结论,可为卸压瓦斯抽采方法选取、钻孔布置参数及工程优化设计提供一定的指导,但本书仍存在很多不足,有大量工作需要今后进一步展开:

(1) 由于采空区的不可接触性,国内关于采空区应力分布规律的研究较少,本书将采空区应力恢复简化为线性恢复,与现场实际有一定的偏差,由于现场采空区应力分布规律的复杂性,条件允许的情况下,后期将加大对采空区应力分布规律的实测工作力度,对理论公式进一步验证,对数值模型采空区按照实测数据建立分段函数,更加精确地将采空区应力分布拟合到数值模型中。

（2）本书基于近水平煤层群展开研究，未考虑倾角对采空区应力分布特征及覆岩空间裂隙演化和卸压特征的影响。

（3）本书对采动围岩应力场与位移场、裂隙场做了研究，未实现建立其与瓦斯流动场的关系，后期还要在应力场、裂隙场及瓦斯流动的耦合关系的研究方面继续努力。

参 考 文 献

[1] 谢和平,吴立新,郑德志.2025 年中国能源消费及煤炭需求预测[J].煤炭学报,2019,44(7):1949-1960.

[2] 谢和平,王金华,王国法,等.煤炭革命新理念与煤炭科技发展构想[J].煤炭学报,2018,43(5):1187-1197.

[3] 国家统计局.中华人民共和国 2020 年国民经济和社会发展统计公报[J].中国统计,2021(3):8-22.

[4] 中国能源中长期发展战略研究项目组.中国能源中长期(2030,2050)发展战略研究 综合卷[M].北京:科学出版社,2011.

[5] 刘树才.煤矿底板突水机理及破坏裂隙带演化动态探测技术[D].中国矿业大学,徐州:2008.

[6] 冯增朝.低渗透煤层瓦斯强化抽采理论及应用[M].北京:科学出版社,2008.

[7] 杜计平,孟宪锐.采矿学[M].徐州:中国矿业大学出版社,2009.

[8] 张百胜,杨双锁,康立勋,等.极近距离煤层回采巷道合理位置确定方法探讨[J].岩石力学与工程学报,2008,27(1):97-101.

[9] 琚宜文,王桂梁,胡超.海孜煤矿构造变形及其对煤厚变化的控制作用[J].中国矿业大学学报,2002,31(4):374-379.

[10] 卢士超.近距离煤层联合开采技术的应用[J].煤炭技术,2006,25(9):59-60.

[11] 刘纯贵.四台矿极近距离煤层采空区下围岩承压性能模拟分析[J].中国煤炭,2005(5):33-35.

[12] 国家煤矿安全监察局.煤矿瓦斯治理经验五十条[M].北京:煤炭工业出版社,2005.

[13] 国家安全生产监督管理局,国家煤矿安全监察局.煤矿安全规程(2016)[M].北京:煤炭工业出版,2016.

[14] 程远平,付建华,俞启香.中国煤矿瓦斯抽采技术的发展[J].采矿与安全工程学报,2009,26(2):127-139.

[15] 程远平,周德永,俞启香,等.保护层卸压瓦斯抽采及涌出规律研究[J].采矿与安全工程学报,2006,23(1):12-18.

[16] 王海锋,程远平,吴冬梅,等.近距离上保护层开采工作面瓦斯涌出及瓦斯抽采参数优化[J].煤炭学报,2010,35(4):590-594.

[17] 谢和平,王金华,申宝宏,等.煤炭开采新理念:科学开采与科学产能[J].煤炭学报,2012,37(7):1069-1079.

[18] GRIFFITH A A.The phenomena of rupture and flow in solids[J].Philosophical transactions of the royal society A:mathematical, physical and engineering sciences,1921,221(582-593):163-198.

[19] 李贺,尹光志,许江,等.岩石断裂力学[M].重庆:重庆大学出版社,1988.

[20] COOK N G W. The failure of rock [J]. International journal of rock mechanics and mining science and geomechanics abstracts,1965,2(4):389-403.

[21] FAIRHURST C, COOK N G W. The of maximum phenomenon of rock splitting parallel to the direction compression in the neighbourhood of a surface[C]// 1st ISRM Congress, Lisbon, Portugal, 1966.

[22] KEMENY J,COOK N G W.Effective moduli,non-linear deformation and strength of a cracked elastic solid[J].International journal of rock mechanics and mining sciences & geomechanics abstracts,1986,23(2):107-118.

[23] KEMENY J M,COOK N G W.Micromechanics of deformation in rock [J]. Toughening mechanisms in quasi-brittle materials, 1991, 195:158-188.

[24] HOEK E,BIENIAWSKI Z T.Brittle fracture propagation in rock under compression[J].International journal of fracture,1984,26(4):276-294.

[25] HOEK E,BROWN E T.Underground excavation in rock[M].London:Institution of Mining and Metallurgy,1980.

[26] SALAMON M D G. Elastic moduli of a stratified rock mass [J]. International journal of rock mechanics and mining science and geomechanics abstracts,1968,5(6):519-527.

[27] 刘东燕,朱可善.岩石压剪断裂的模型试验研究[J].重庆建筑工程学院学报,1994(1):56-62.

[28] 谢和平. 岩石材料的局部损伤拉破坏[J]. 岩石力学与工程学报,1988,7(2),147-155.

[29] 焦玉勇,张秀丽,刘泉声,等.用非连续变形分析方法模拟岩石裂纹扩展[J].岩石力学与工程学报,2007,26(4):682-691.

[30] 凌建明.压缩荷载条件下岩石细观损伤特征的研究[J].同济大学学报(自然

科学版),1993,21(2):219-226.

[31] 钱鸣高,缪协兴,许家林,等.岩层控制的关键层理论[M].徐州:中国矿业大学出版社,2000.

[32] 许家林,钱鸣高.覆岩采动裂隙分布特征的研究[J].矿山压力与顶板管理,1997,14(3):210-212.

[33] 煤炭科学研究院北京开采研究所.煤矿地表移动与覆岩破坏规律及其应用[M].北京:煤炭工业出版社,1981.

[34] 康永华,赵国玺.覆岩性质对"两带"高度的影响[J].煤矿开采,1998,3(1):52-54.

[35] 贾剑青,王宏图,唐建新.采煤工作面采动裂隙带的确定方法[J].中国矿业,2004,13(11):45-47.

[36] 姜福兴,XUN L,杨淑华.采场覆岩空间破裂与采动应力场的微震探测研究[J].岩土工程学报,2003,25(1):23-25.

[37] 赵保太,林柏泉,林传兵.三软不稳定煤层覆岩裂隙演化规律实验[J].采矿与安全工程学报,2007,24(2):199-202.

[38] 杨科,谢广祥.综放开采采动裂隙分布及其演化特征分析[J].矿业安全与环保,2009,36(4):1-3.

[39] 石必明,俞启香,周世宁.保护层开采远距离煤岩破裂变形数值模拟[J].中国矿业大学学报,2004,33(3):259-263.

[40] 李树刚,石平五,钱鸣高.覆岩采动裂隙椭抛带动态分布特征研究[J].矿山压力与顶板管理,1999(3):44-46.

[41] 李树刚.综放开采围岩活动及瓦斯运移[M].徐州:中国矿业大学出版社,2000.

[42] 袁亮.低透高瓦斯煤层群安全开采关键技术研究[J].岩石力学与工程学报,2008,27(7):1370-1379.

[43] 袁亮.低透气煤层群首采关键层卸压开采采空侧瓦斯分布特征与抽采技术[J].煤炭学报,2008,33(12):1362-1367.

[44] 袁亮.卸压开采抽采瓦斯理论及煤与瓦斯共采技术体系[J].煤炭学报,2009,34(1):1-8.

[45] 刘泽功.卸压瓦斯储集与采场围岩裂隙演化关系研究[D].合肥:中国科学技术大学,2004.

[46] 刘洪涛,马念杰,李季,等.顶板浅部裂隙通道演化规律与分布特征[J].煤炭学报,2012,37(9):1451-1455.

[47] 张勇,张保,张春雷,等.厚煤层采动裂隙发育演化规律及分布形态研究[J].

中国矿业大学学报,2013,42(6):935-940.

[48] 张勇,许力峰,刘珂铭,等.采动煤岩体瓦斯通道形成机制及演化规律[J].煤炭学报,2012,37(9):1444-1450.

[49] SOMERTON W H, SÖYLEMEZOĞLU I M, DUDLEY R C. Effect of stress on permeability of coal[J].International journal of rock mechanics and mining sciences & geomechanics abstracts,1975,12(5/6):129-145.

[50] AIRUNI A T. Relationship between the gas release of the overlying and underlying protective coal seams and the degassing caused by these[J]. Annales des mines de belqique, 1979(5):481-503.

[51] WHITTLES D N, LOWNDES I S, KINGMAN S W, et al.Influence of geotechnical factors on gas flow experienced in a UK longwall coal mine panel[J].International journal of rock mechanics and mining sciences, 2006,43(3):369-387.

[52] DEB D.Analysis of coal mine roof fall rate using fuzzy reasoning techniques[J].International journal of rock mechanics and mining sciences, 2003,40(2):251-257.

[53] 汪东生.近距离煤层群保护层开采瓦斯立体抽采防突机理与实验研究[M].北京:煤炭工业出版社,2010.

[54] 熊祖强.下保护层开采上覆岩层结构演化与瓦斯运移规律研究[M].徐州:中国矿业大学出版社,2015.

[55] 涂敏,黄乃斌,刘宝安.远距离下保护层开采上覆煤岩体卸压效应研究[J].采矿与安全工程学报,2007,24(4):418-421,426.

[56] 刘三钧,林柏泉,高杰,等.远距离下保护层开采上覆煤岩裂隙变形相似模拟[J].采矿与安全工程学报,2011,28(1):51-55,60.

[57] 袁亮.深井巷道围岩控制理论及淮南矿区工程实践[M].北京:煤炭工业出版社,2006.

[58] 戴广龙,汪有清,张纯如,等.保护层开采工作面瓦斯涌出量预测[J].煤炭学报,2007,32(4):382-385.

[59] 薛东杰,周宏伟,孔琳,等.采动条件下被保护层瓦斯卸压增透机理研究[J].岩土工程学报,2012,34(10):1910-1916.

[60] CHEN H D,CHENG Y P,ZHOU H X, et al.Damage and permeability development in coal during unloading[J].Rock mechanics and rock engineering,2013,46(6):1377-1390.

[61] 石必明,刘泽功.保护层开采上覆煤层变形特性数值模拟[J].煤炭学报,

2008,33(1):17-22.

[62] 杨大明,俞启香.缓倾斜下解放层开采后岩层地应力变化规律的研究[[J].中国矿业大学学报,1988(1):35-41.

[63] 俞启香.矿井瓦斯防治[M].徐州:中国矿业大学出版社,1992.

[64] 于不凡.煤矿瓦斯灾害防治及利用技术手册[M].修订版.北京:煤炭工业出版社,2005.

[65] 程远平,王海锋,王亮.煤矿瓦斯防治理论与工程应用[M].徐州:中国矿业大学出版社,2010.

[66] 潘荣锟.载荷煤体渗透率演化特性及在卸压瓦斯抽采中的应用[D].徐州:中国矿业大学,2014.

[67] WHITTAKER B N. An appraisal of strata control practice [J]. Transactions of the institution of mining and metallurgy,section A:mining technology,1974,83(812):85-109.

[68] PAPPAS D M,MARK C. Behavior of simulated longwall gob material [M]. Washington,D.C.: U.S. Department of the Interior, Bureau of Mines,1993.

[69] CHOI D S, MCCAIN D L.Design of longwall systems[J]. In situ,1979,3 (2): 153.

[70] Wilson A H,Carr F.A new approach to the design of multi-entry developments for retreat longwall mining[C]//Proceedings of the 2nd International Conference on Ground Control in Mining,Morgantown,WV, 1982: 1-21.

[71] CAMPOLI A A,KERTIS C A,GOODE C A.Coal mine bumps:five case studies in the eastern United States[M].US Department of the Interior, Bureau of Mines, 1987.

[72] SMART B, HALEY S M.Further development of the roof strata tilt concept for pack design and the estimation of stress development in a caved waste[J].Mining science and technology,1987,5(2):121-130.

[73] TRUEMAN R.A finite element analysis for the establishment of stress development in a coal mine caved waste[J].Mining science and technology,1990,10 (3):247-252.

[74] WADE L V, CONROY P J.Rock mechanics study of a longwall panel[J]. Mining engineering,1980,32(12):1728-1735.

[75] SALAMON M D G.Mechanism of caving in longwall coal mining[C]//

Rock mechanics contributions and challenges: proceedings of the 31st U.S. symposium of rock mechanics. Colorado:[s.n.],1990.

[76] SHABANIMASHCOOL M, LI C C. Numerical modelling of longwall mining and stability analysis of the gates in a coal mine[J]. International journal of rock mechanics and mining sciences,2012,51:24-34.

[77] ESTERHUIZEN E,MARK C,MURPHY M M.Numerical model calibration for simulating coal pillars, gob and overburden response[C]//Proceeding of the 29th international conference on ground control in mining, Morgantown,2010: 46-57.

[78] SAEEDI G. Numerical modelling of out-of-seam dilution in longwall retreat mining[J].International journal of rock mechanics and mining sciences,2010,47(4):533-543.

[79] YAVUZ H. An estimation method for cover pressure re-establishment distance and pressure distribution in the goaf of longwall coal mines[J]. International journal of rock mechanics and mining sciences,2004,41(2): 193-205.

[80] MORSY K,PENG S S.Numerical modeling of the gob loading mechanism in longwall coal mines[C]//Proceedings of the 21st international conference on ground control in mining, Morgantown,2002:58-67.

[81] LI W F,BAI J B,PENG S,et al.Numerical modeling for yield pillar design:a case study[J].Rock mechanics and rock engineering,2015,48(1): 305-318.

[82] ESTERHUIZEN E, MARK C,MURPHY M,et al. The ground response curve, pillar loading and pillar failure in coal mines[C]//Proceeding of the 29th international conference on ground control in mining, Morgantown,2010:19-27.

[83] ABBASI B,CHUGH Y,GURLEY H.An analysis of the possible fault displacements associated with a retreating longwall face in illinois[C]// 48th U.S. Rock Mechanics/Geomechanics Symposium,Minneapolis,Minnesota, 2014.

[84] 封云聪,刘文永,谢源.采空区应力分布的有限元分析计算[J].矿冶,1996,5(1):20-23.

[85] 王作宇,刘鸿泉.采空区应力、覆岩移动规律与顶底板岩体应力效应的一致性[J].煤矿开采,1993(1):38-44.

[86] 张勇,张春雷,赵甫.近距离煤层群开采底板不同分区采动裂隙动态演化规律[J].煤炭学报,2015,40(4):786-792.

[87] BRACE W,WALSH J B,FRANGOS W.Permeability of granite under high pressure[J].Journal of geophysical research,1968,73(6):2225-2236.

[88] PATSOULES M G,CRIPPS J C.An investigation of the permeability of Yorkshire chalk under differing pore water and confining pressure conditions[J].Energy sources,1982,6(4):321-334.

[89] GANGI A F.Variation of whole and fractured porous rock permeability with confining pressure[J].International journal of rock mechanics and mining sciences and geomechanics abstracts,1978,15(5):249-257.

[90] WALSH J B.Effect of pore pressure and confining pressure on fracture permeability[J].International journal of rock mechanics and mining sciences & geomechanics abstracts,1981,18(5):429-435.

[91] LI S P,LI Y S,LI Y,et al.Permeability-strain equations corresponding to the complete stress—strain path of Yinzhuang Sandstone[J].International journal of rock mechanics and mining sciences & geomechanics abstracts,1994,31(4):383-391.

[92] LI S P.Effect of confining presurre,pore pressure and specimen dimension on permeability of Yinzhuang Sandstone[J].International journal of rock mechanics and mining sciences,1997,34(3/4):175.

[93] ZHU W L,WONG T.The transition from brittle faulting to cataclastic flow:permeability evolution[J].Journal of geophysical research,1997,102(B2):3027-3041.

[94] MCKEE,BUMB,KOENIG.Stress-dependent permeability and porosity of coal and other geologic formations[J].SPE formation evaluation,1988,3(1):81-91.

[95] 赵阳升,胡耀青,杨栋,等.三维应力下吸附作用对煤岩体气体渗流规律影响的实验研究[J].岩石力学与工程学报,1999,18(6):651-653.

[96] SATYA H,SCHRAUFNAGEL RICHARD A.Shrinkage of coal matrix with release of gas and its impact on permeability of coal[J].Fuel,1990,69(5):551-556.

[97] DURNCAN S,EDWARDS J.The effects of stress and fracturing on permeability of coal[J].Mining science and technology,1986,3(3):205-216.

[98] YIN S X,WANG S X.Effect and mechanism of stresses on rock permea-

bility at different scales[J]. Science in China Series D,2006,49(7):714-723.

[99] CONNELL L D, LU M, PAN Z.An analytical coal permeability model for tri-axial strain and stress conditions[J].International journal of coal geology,2010,84(2):103-114.

[100] BERRYMAN J G.Mechanics of layered anisotropic poroelastic media with applications to effective stress for fluid permeability[J].International journal of engineering science,2011,49(1):122-139.

[101] ESTERLE J S,WILLIAMS R,SLIWA R,et al.Variability in coal seam gas parameters that impact on fugitive gas emissions estimations for Australian black coals[C]//Proceedings of the 36th Sydney Basin Symposium 2006:Advances in the Study of the Sydney Basin,University of Woolongong,NSW,2006.

[102] 缪协兴,刘卫群,陈占清.采动岩体渗流与煤矿灾害防治[J].西安石油大学学报(自然科学版),2007,22(2):74-79.

[103] 缪协兴.采动岩体的力学行为研究与相关工程技术创新进展综述[J].岩石力学与工程学报,2010,29(10):1988-1998.

[104] 邓志刚,齐庆新,李宏艳,等.采动煤体渗透率示踪监测及演化规律[J].煤炭学报,2008,33(3):273-276.

[105] 李世平,李玉寿,吴振业.岩石全应力应变过程对应的渗透率-应变方程[J].岩土工程学报,1995,17(2):13-19.

[106] 姜振泉,季梁军.岩石全应力-应变过程渗透性试验研究[J].岩土工程学报,2001,23(2):153-156.

[107] 彭苏萍,孟召平,王虎,等.不同围压下砂岩孔渗规律试验研究[J].岩石力学与工程学报,2003,22(5):742-746.

[108] 王环玲,徐卫亚,杨圣奇.岩石变形破坏过程中渗透率演化规律的试验研究[J].岩土力学,2006,27(10):1703-1708.

[109] 张守良,沈琛,邓金根.岩石变形及破坏过程中渗透率变化规律的实验研究[J].岩石力学与工程学报,2000,19(增刊1):885-888.

[110] 王媛,速宝玉.单裂隙面渗流特性及等效水力隙宽[J].水科学进展,2002,13(1):61-68.

[111] 曾亿山,卢德唐,曾清红,等.单裂隙流-固耦合渗流的试验研究[J].实验力学,2005,20(1):10-16.

[112] 尤明庆.岩石的力学性质[M].北京:地质出版社,2007.

[113] 琚宜文,姜波,王桂樑.构造煤结构及储层物性[M].徐州:中国矿业大学出版社,2005.

[114] 李福胜,张春雷,张勇.地质雷达探测底板破坏深度的数值模拟研究[J].中国煤炭,2013(11):51-54.

[115] 李立.采动影响下煤体瓦斯宏细观尺度通道演化机理研究[D].北京:中国矿业大学(北京),2016.

[116] 谢和平,林柏泉,周宏伟,等.深部煤与瓦斯共采理论与技术[M].北京:科学出版社,2017.

[117] 刘珂铭.采动影响下工作面围岩裂隙演化规律研究[D].北京:中国矿业大学(北京),2014.

[118] WANG J A,PARK H D.Fluid permeability of sedimentary rocks in a complete stress-strain process[J].Engineering geology,2002,63(3/4):291-300.

[119] YANG W,LIN B Q,QU Y A,et al.Mechanism of strata deformation under protective seam and its application for relieved methane control [J].International journal of coal geology,2011,85(3/4):300-306.

[120] BAGHBANAN A,JING L.Stress effects on permeability in a fractured rock mass with correlated fracture length and aperture[J].International journal of rock mechanics and mining sciences,2008,45(8):1320-1334.

[121] BANDIS S C,LUMSDEN A C,BARTON N R.Fundamentals of rock joint deformation[J].International journal of rock mechanics and mining sciences & geomechanics abstracts,1983,20(6):249-268.

[122] GOODMAN R E.Methods of geological engineering in discontinuous rocks[M]. New York:West Publishing,1976.

[123] 王文学.采动裂隙岩体应力恢复及其渗透性演化[D].徐州:中国矿业大学,2014.

[124] 钱鸣高,石平五.矿山压力与岩层控制[M].徐州:中国矿业大学出版社,2004.

[125] 韩建新.基于应变软化模型的岩体峰后变形特性和隧洞结构稳定性研究[D].济南:山东大学,2012.

[126] 周小平,张永兴.卸荷岩体本构理论及其应用[M].北京:科学出版社,2007.

[127] 赵明阶,徐蓉.裂隙岩体在受荷条件下的变形特性分析[J].岩土工程学报,2000,22(4):465-470.

[128] 周小平,张永兴,哈秋聆.裂隙岩体加载和卸荷条件下应力强度因子[J].地下空间,2003(3):277-280.

[129] 颜峰,姜福兴.卸荷条件下的裂隙岩体力学特性研究[J].金属矿山,2008(6):36-40.

[130] 许家林,钱鸣高.关键层运动对覆岩及地表移动影响的研究[J].煤炭学报,2000,25(2):122-126.

[131] 许家林,钱鸣高,朱卫兵.覆岩主关键层对地表下沉动态的影响研究[J].岩石力学与工程学报,2005,24(5):787-791.

[132] 钱鸣高,缪协兴,许家林.岩层控制中的关键层理论研究[J].煤炭学报,1996,21(3):225-230.

[133] 许家林.岩层移动与控制的关键层理论及其应用[D].徐州:中国矿业大学,1999.

[134] 王素华,高延法,付志亮.注浆覆岩离层力学机理及其离层发育分类研究[J].固体力学学报,2006,27(增刊1):164-168.

[135] 刘鸿文.材料力学-Ⅱ[M].5版.北京:高等教育出版社,2011.

[136] 袁慰平,张令敏,黄新芹,等.数值分析[M].南京:东南大学出版社,1992.

[137] 张彦洪,柴军瑞.岩体离散裂隙网络渗流应力耦合分析[J].应用基础与工程科学学报,2012,20(2):253-262.

[138] 王泳嘉,邢纪波.离散单元法及其在岩土力学中的应用[M].沈阳:东北大学出版社,1991.

[139] 谢广祥,杨科,刘全明.综放面倾向煤柱支承压力分布规律研究[J].岩石力学与工程学报,2006,25(3):545-549.

[140] MARK C.Analysis of longwall pillar stability (ALPS):an update[C]// Proceedings of the Workshop on Coal Pillar Mechanics and Design, Santa Fe,New Mexico,1992:238-249.

[141] PENG S S,CHIANG H S.Longwall mining[M].New York:Wiley,1984.

[142] MARINOS V,MARINOS P,HOEK E.The geological strength index: applications and limitations[J].Bulletin of engineering geology and the environment,2005,64(1):55-65.

[143] HOEK E,CARLOS C T,BRENT C.Hoek-Brown failure criterion-2002 edition[C].Proceedings of NARMS,Toronto,2002:267-273.

[144] 林海飞,李树刚,成连华,等.覆岩采动裂隙演化形态的相似材料模拟实验[J].西安科技大学学报,2010,30(5):507-509.

[145] 张明建,郜进海,魏世义,等.倾斜岩层平巷围岩破坏特征的相似模拟试验

研究[J].岩石力学与工程学报,2010,29(增刊1):3259-3264.

[146] 程卫民,孙路路,王刚,等.急倾斜特厚煤层开采相似材料模拟试验研究[J].采矿与安全工程学报,2016,33(3):387-392.

[147] 王崇革,王莉莉,宋振骐,等.浅埋煤层开采三维相似材料模拟实验研究[J].岩石力学与工程学报,2004,23(增刊2):4926-4929.

[148] 张军,王建鹏.采动覆岩"三带"高度相似模拟及实证研究[J].采矿与安全工程学报,2014,31(2):249-254.

[149] RAFAEL C G,RICHARD E W,STEVEN L E.数字图像处理的 MATLAB 实现[M].阮秋琦,译.北京:清华大学出版社,2013.

[150] 熊伟,谢剑薇,曾峦.检测骨架图形特征点的新方法[J].红外与激光工程,2002,31(4):301-304.

[151] 黎伟,刘观仕,姚婷.膨胀土裂隙图像处理及特征提取方法的改进[J].岩土力学,2014,35(12):3619-3626.

[152] 曹玲,王志俭.土体表面干缩裂隙的形态参数定量分析方法[J].长江科学院院报,2014,31(4):63-67.

[153] 聂俊丽,杨峰,彭苏萍,等.补连塔矿12406工作面浅部地层结构地质雷达探测研究[J].煤炭工程,2013,45(8):75-78.

[154] 谢建林,许家林,李晓林.顶板离层检测的地质雷达物理模拟衰减分析[J].中国煤炭,2011,37(5):51-54.

[155] 李尧,李术才,刘斌,等.基于改进后向投影算法的地质雷达探测岩体裂隙的成像方法[J].岩土工程学报,2016,38(8):1425-1433.

[156] 刘新荣,刘永权,杨忠平,等.基于地质雷达的隧道综合超前预报技术[J].岩土工程学报,2015,37(增刊2):51-56.

[157] 凌同华,张胜,李升冉.地质雷达隧道超前地质预报检测信号的 HHT 分析法[J].岩石力学与工程学报,2012,31(7):1422-1428.

[158] 杨艳青,贺少辉,齐法琳,等.铁路隧道复合式衬砌地质雷达检测模拟试验研究[J].岩土工程学报,2012,34(6):1159-1165.

[159] 郭亮,李俊才,张志铖,等.地质雷达探测偏压隧道围岩松动圈的研究与应用[J].岩石力学与工程学报,2011,30(增刊1):3009-3015.

[160] 杨峰,彭苏萍.地质雷达探测原理与方法研究[M].北京:科学出版社,2010.